岩波科学ライブラリー 280

組合せ数学

ロビン・ウィルソン
川辺治之 訳

岩波書店

SCIENCE

目　次

1　組合せ論とは

次のような問題を考えてみよう.

- 数独は何種類あるか.
- 髪の毛が同じ本数のロンドンっ子が 33 人いるか.
- 1 番から 49 番までの番号が振られた 49 個の玉から 6 個を選ぶくじ引きで，2 個の当たり玉が連続した番号になることはどれくらいよくあるか.
- 迷路から脱出するための確立された手順があるか.
- ニューヨークからシカゴまでのさまざまな経路が書かれた道路地図が与えられたとき，どの経路を使えばもっとも所要時間が短くなるか.
- 10 ペンス，20 ペンス，50 ペンス硬貨だけで 1 ポンド(=100 ペンス)を両替するやり方は何通りあるか.
- 正方形と正 6 角形を使って床を敷き詰めることができるか.
- 無作為に選ばれた 33 人の中の 2 人が同じ誕生日になる可能性はどれくらいか.
- ナイトがチェス盤の 64 個のマスをすべて 1 回だけ訪れて出発点に戻ることはできるか.
- いくつかの手紙を宛名の書かれた封筒に無作為に入れたとき，どの手紙も正しい封筒に収まることがない確率はいくつか.

これらの問題に関して気づくことがいくつかある．

まず，これらの問題は，かなり抽象的な言葉で述べられた多くの数学的な問題とは異なり，そのいくつかの答えを求めるのはどうしようもなく難しいことが分かっているとしても，理解することはどれも簡単である．これが，この主題のうれしい点の一つである．

次に，これらの問題は広範囲に及び無関係なように見えるかもしれないが，主として，さまざまな種類の対象を選んだり，並べたり，数えたりすることに関係している．とくに，これらの問題はすべて，次のように表現することができる．

> しかじかのものが存在するか．もし，それが存在するなら，どのようにして構成することができるか．また，それは何通りあるか．そして，そのうちのどれが「もっともよい」か．

組合せ解析，あるいは，組合せ論では，このような問いに関心がある．大雑把には，組合せ論は，ものごとを選んだり，並べたり，構成したり，分類したり，数えたり，列挙したりすることに関する数学の分野といってもよいだろう．

理解を明確にするために，組合せ論がさまざまな辞書でどのように定義されているかを見てみよう．

『オックスフォード英語辞典』は，組合せ論を簡潔に

> 可能な組合せや構成の研究

と記述している一方で，『コリンズ英語辞典』は，もっと具体的に

> 規定された条件を満たす対象の配置を構成する可能性に関する

> 問題を解くための，列挙，組合せ，順列の理論に関する数学の分野

と述べている．

ウィキペディアは新しい考え方を持ち込んで，組合せ論は

> 有限または可算な離散構造に関する数学の分野である

としている．

このように，組合せ論には，(π, $\sqrt{2}$ などを含めた)数全体のような連続系や微積分に見られるような漸進的変化ではなく，有限集合や(1, 2, 3, … のような)隔てられたステップで続く離散要素が関わっている．『ブリタニカ百科事典』はこの区別を敷衍して，組合せ論を

> 有限系または離散系のなかでの選択，配置，操作の問題に関する数学の分野．[…]組合せ論の基本問題の一つは，与えられた種類の構成(たとえば，グラフ，デザイン，配列)が起こりうる場合の数を決定することである．

と定義する．

最後に，ウルフラム・リサーチの *MathWorld* は，少し違って，

> 要素の集合の列挙，組合せ，順列と，それらの性質を特徴づける数学的関係を研究する数学の分野

とし，それにくわえて，

> 数学者は，グラフ理論を含む離散数学のかなり広い部分集合を指して「組合せ論」という言葉を使うことがある．この場合，一般的に組合せ論と呼ばれているものは「数え上げ」と呼ばれる．

と述べている．

第2章では，本書で後述する多くの例を具体的に示すことによって，これらの考え方をさらに詳しく述べる．

組合せ論という主題は，3000年ほど前の古代中国やインドにまで遡る．長年の間，とくに中世期やルネッサンス期を通じて，その主題は，第3章で述べるように，主としてある種の対象の順列と組合せに関する問題から構成されていた．実際には，「組合せ」という語を使ったもっとも初期の著作の一つに，20歳のゴットフリート・ヴィルヘルム・ライプニッツによる1666年の『結合法論』がある(図1)．この著作は，その扉に「完全な数学的必然性によって神の存在を証明する」と主張されているものの，主として順列と組合せを論じていた．本書でも，このような主張を行うことはない．

これに続く何世紀かの間に，組合せ論の研究範囲は大幅に広がった．いくつもの新しい種類の問題がその範囲に含まれるようになり，その一方で，第4章で述べるように，それらを解くための組合せ論的技法が徐々に開発された．組合せ論は，今や広範囲のテーマを含む．本書では，それらのうち，第5章では敷き詰めや多面体の幾何学を，第6章ではグラフ理論を，第7章では魔方陣とラテン方陣を，第8章ではブロックデザインと有限射影平面を，第9章では整数の分割を扱う．これらの章は，おおよそ互いに独立であ

DISSERTATIO
De
ARTE COMBI-
NATORIA,
In qua
Ex Arithmeticæ fundamentis *Complicationum* ac *Transpositionum*
Doctrina novis præceptis exstruitur; et usus ambarum per universum scientiarum orbem ostenditur; nova etiam
Artis Meditandi,
Seu
Logicæ Inventionis semina
sparguntur.
Præfixa est Synopsis totius Tractatus, et additamenti loco
Demonstratio
EXISTENTIÆ DEI,
ad Mathematicam certitudinem exacta
AUTORE
GOTTFREDO GUILIELMO
LEIBNÜZIO Lipsensi,
Phil. Magist. et J. U. Baccal.

LIPSIÆ,
APUD JOH. SIMON. FICKIUM ET JOH.
POLYCARP. SEUBOLDUM
in Platea Nicolæa,
Literis SPÖRELIANIS.
A. M. DC. LXVI.

図 1　ライプニッツの『結合法論』（G. W. Leibniz, *Dissertatio de Arte Combinatoria*, Fick & Seubold, Leipzig (1666)，表紙（*Mathematische Schriften*, Vol. 5, p. 7)）

り，どの順に読んでもかまわない．

組合せ論の大部分は気晴らしの娯楽から始まった．この章の冒頭に示した問題や，ケーニヒスベルクの橋の問題，四色問題，誕生日のパラドックス，ハノイの塔，フィボナッチの「ウサギ」の問題などが良い例で，どれも組合せ論の対象と考えることができる．しかし近年，この分野は深く多岐にわたって発展し，数学の主流を構成する一部になりつつある．フィールズ賞やアーベル賞のような権威ある数学賞がこの分野への画期的な寄与をした研究者に与えられ，その一方で，国内外のメディアでいくつもの注目に値する組合せ論の進展が取り上げられている．

近年この分野が重要になってきている理由の一つが，計算機科学の発展と，実世界の実用的な問題を解くためにアルゴリズム的手法の使用が増えていることであるのは間違いない．このことによって，ネットワーク解析，符号理論，確率論，ウィルス学，実験計画法，時間割編成，オペレーションズ・リサーチなど，数学の内外における幅広い分野での組合せ論の適用につながっている．

このように組合せ論は広範囲に顔を覗かせるので，本書は，数学に興味をもつ一般読者を含め幅広い読者層に楽しんでもらえるだろう．高校生や大学生が読んでも役に立ち，興味がもてるはずである．なぜなら，組合せ論と離散数学は，今や数学や計算機科学での多くのシラバスの一部になっているからである．そして，最後に，数学者，計算機科学者，この分野を手早く学ぼうとするすべてのレベルの学習者にも，有用で興味深いものになっているはずである．

組合せ論に数多くの貢献をした有名なハンガリーの数学者ポール・エルデシュによる勧めを引いてこの章を締めくくろう．「問題は数学の活力の源」と強く信じていたエルデシュは，問題を解こうとするときには「頭脳を開け放っておく」よう私たちに促し続けたのだった.

2　4種類の問題

第1章で具体的に示したように，組合せ論では主として次の4種類の問題を取り扱う．

- 存在問題：□□□ は存在するか．
- 構成問題：□□□ が存在するならば，どのようにしてそれを構成できるか．
- 列挙問題：何通りの □□□ があるか．
- 最適化問題：どの □□□ がもっともよいか．

たとえば，空路で英国のロンドンからオンタリオ州のロンドンに向かいたいと仮定しよう．適切な経路が存在するだろうか．もし存在するとしたら，それを構成することができるだろうか．何通りの経路があるか．取り決められたなんらかの基準(たとえば，最短所要時間，最短距離，最小費用など)に照らして，どの経路がもっともよいか．

あるいは，何人かの求職者がそれぞれのもつさまざまな資格に合った仕事に応募するという仕事の割り当て問題を考えてみよう．それぞれの資格に合った仕事をすべての求職者に割り当てるような仕事の割り当て方が存在するだろうか．もしそれが存在するならば，どのようにすればそのような割り当て方を構成できるだろうか．そのような割り当て方は何通りあるだろうか．与えられたなんらかの基準に照らして，どの割り当て方がもっともよいか．

このあとで分かるように，このような種類の問題は互いに無関係ではない．たとえば，あることの存在を証明するもっとも簡単な方法は，それを明示的に構成することかもしれない．

存在問題

それでは，いくつかの存在問題を紹介しよう．そのうちのあるものは，あとの章で再び登場する．

敷き詰め

隙間や重なりなしにきっちりと組み合わさった正方形と正８角形によって規則的に敷き詰められた床を図２に示す．このほかにも規則的な敷き詰めがありえるだろうか．たとえば，正方形と正６角形を使った規則的な敷き詰めが存在するだろうか．

この答えは，角度を調べると，簡単に分かる．図２の敷き詰め

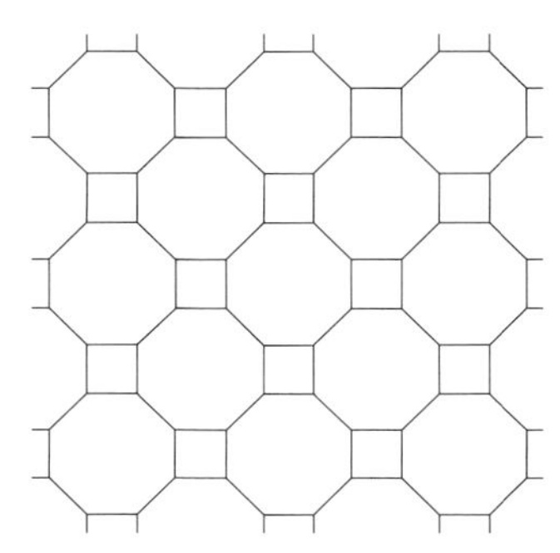

図２　正方形と正８角形による規則的な敷き詰め

において，正方形と正8角形の角が集まる点に現れる角度は(正方形の) 90° と(2個の正8角形それぞれの) 135° であり，それらの合計は 90°+135°+135°=360° になる．

同様にして，正方形と正6角形による敷き詰めが存在するとしたら，それらの角が集まる点では，(正方形の) 90° の角と(正6角形の) 120° の角を組み合わせて合計が 360° になるだろう．しかし，それは不可能である．なぜなら，その点において正6角形(120°)が1個だけならば，直角では残りの 240° を作ることができないし，正6角形が2個(240°)ならば，直角では残りの 120° を作ることができないし，正6角形が3個(360°)ならば，正方形を置く余地がないからである．したがって，90° と 120° の角のどのような組合せによっても，求める 360° を作り上げることはできず，これらによる敷き詰めは存在しえない．

第5章では，規則的な敷き詰めを詳細に調べ，すべての可能性を列挙する．

チェス盤にドミノ牌を置く

それぞれが2個のマスを覆うドミノ牌(はい)でチェス盤の 64 個のマスすべてを覆えることは簡単に分かる．そのような覆い方は数多くある．チェス盤の隅のマスを一つ取り除くと，残ったマスの数は奇数個なので，もはやドミノ牌で覆うことはできない．しかし，対角線の位置にある2か所の隅のマスを取り除くと，何が起こるだろうか．残った 62 個のマスをドミノ牌で覆う方法は存在するだろうか．

一見すると，あたかも数多くの実験が必要であるかのように思えるかもしれない．しかし，いったん，すべてのドミノ牌は1個の黒マスと1個の白マスを覆わなければならないことに気づけば，その答えは非常に単純である．取り除かれた2個の隅のマスは同じ色なので，一方の色のマス32個と，もう一方の色のマス30個が残る．したがって，これをドミノ牌によって覆う方法は存在しない．

ナイトの巡歴問題

これも，またチェス盤の問題である．チェスにおいて，ナイトは，一方向に2マスとそれと垂直な方向に1マス動く．通常の8×8のチェス盤において，何世紀も前からある問題は次のようなものだ．

> ナイトの巡歴問題：ナイトが64個のすべてのマスをそれぞれ1回だけ訪れて出発点に戻るという「ナイトの巡歴」は存在するか．

この問題では，明示的な巡歴を構成することなしに存在するかどうかを答える方法が簡単には見つかりそうにない．そのような巡歴を，図3に示す．

同じようにして，ほかの大きさのチェス盤，たとえば，4×4や5×5のチェス盤に対してもナイトの巡歴が存在するかどうかを問うことができる．これは，第6章のハミルトン・グラフを論じるときに，答えることにする．

ケーニヒスベルクの橋の問題

図4に，中世の東プロシアのケーニヒスベルクの街を示す．18

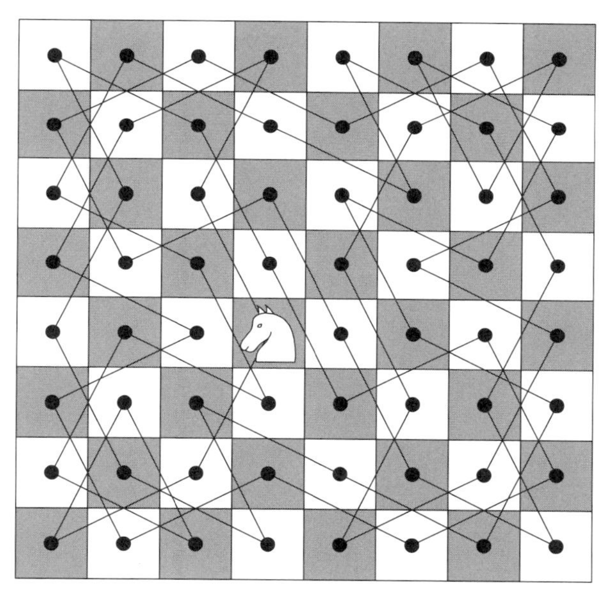

図3　8×8のチェス盤でのナイトの巡歴

世紀には，この街はプレーゲル川によって4区域に分かれていて，それらが7本の橋で結ばれていた．

> ケーニヒスベルクの橋の問題：ケーニヒスベルクの市民は，それぞれの橋をちょうど1回ずつ渡って出発点に戻るように散歩しようとしていたといわれる．そのような経路は存在するだろうか．

この問題は，スイスの数学者レオンハルト・オイラーによって答えが出された．オイラーは，それを橋で結ばれた区域のあらゆ

図 4　ケーニヒスベルクの街と 7 本の橋

る配置に対する解に拡張した．オイラーの答えは，第 6 章でオイラー・グラフを論じるときに示す．

ガス・水道・電気問題

1900 年前後に米国のパズル作家サム・ロイドによって広められたよく知られた問題は，仲の悪い 3 人の隣人に関する問題である．

ガス・水道・電気問題：A 氏，B 氏，C 氏 は，ガ ス，水 道，

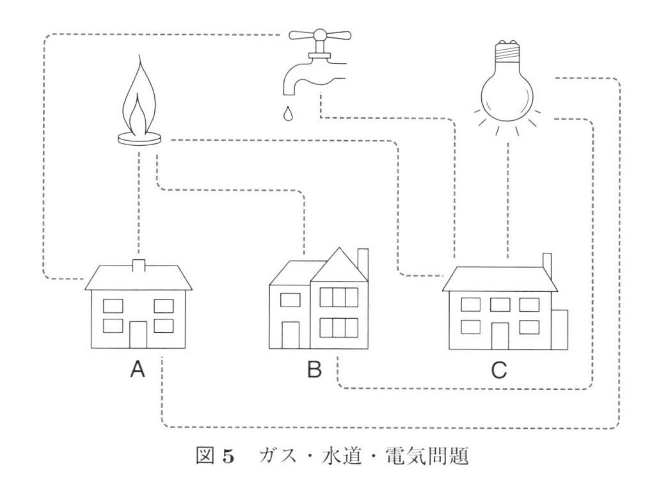

図 5　ガス・水道・電気問題

電気という 3 種類の公共設備と接続する必要がある．彼らは互いに仲が悪いので，ほかの人の接続と交差しないことを要求している．その条件を満たすような接続が存在するだろうか．

この問題で必要な 9 本の接続のうちの 8 本を引いたところを図 5 に示す．これに，残りの B 氏と水道を結ぶ接続を追加することができるか．この問題は，第 6 章の平面的グラフを論じるときに答える．

地図の塗り分け問題

1852 年に，ロンドンの数学者オーガスタス・ド・モルガンは，アイルランドにいるウィリアム・ローワン・ハミルトン卿への手紙に次のように書いた．

> 今日，わたしの学生が，ある事実の理由を教えてほしいと言ってきました．ところがわたしは，その「事実」が本当なのかどうか，今になっても分からないのです．彼によると，一つの図形を任意の方法で分割して各部分に色を塗るとき，境界線を共有する部分どうしが違う色になるようにすると，四色が必要になることはあっても，それ以上必要になることはないそうです．[…]問題は，五色以上ないと塗り分けられないような地図はないのだろうかということです…….*1

これが有名な四色問題である．

> **四色問題**：どんな地図も，隣り合う国が異なる色になるように 4 色だけですべての国を塗り分けることができるか．それとも，5 色以上が必要となる地図が存在するのか．

地図が複雑になればなるほど，その国を塗り分けるのに多くの色が必要になるように思えるかもしれない．たとえば，図 6 の地図のように，確実に 4 色が必要な地図は存在する．しかし，すべての地図に対して 4 色あれば十分なのだろうか．この問題に対する答えは，第 6 章で示す．

構成問題

存在問題を解く一つの方法は，その解を明示的に構成することで

---

*1 ［訳注］邦訳はロビン・ウィルソン／茂木健一郎訳『四色問題』(新潮社, 2004)，30 ページによる．

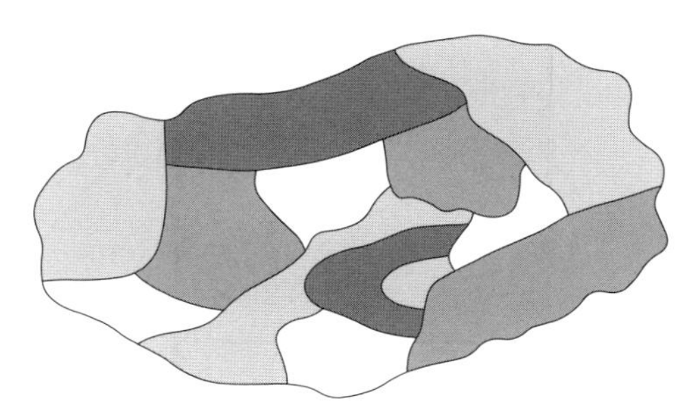

図 **6**　4 色で塗り分けた地図

ある．実際には，場合によっては，これが存在問題を解く唯一の方法である．しかし，ほかの問題では，解を構成できるようにならなくても解の存在を理論的な手法によって証明できる場合もある．さらに，いくつかの構成問題には試行錯誤の実験が適しているが，ほかの構成問題ではもっと系統立ったアプローチが必要になる．次に示すように，迷路を進むためには両方の方法が使われてきた．

迷路

私たちは迷路の中ほどで立ち往生していると仮定しよう．（どうあろうと，私たちはここまでやって来たのだから）迷路から脱出する道があるにちがいないことは分かっているが，脱出する方法を見つける必要がある．

迷路全体の図面があれば，そこから抜け出す道を見つけることはもっと簡単であろう．たとえば，有名なハンプトンコートの迷路の分岐点や行き止まりに文字で印をつけたものを図 7 (a) に示す．このとき，この迷路を，隣り合う分岐点の間の直接の経路を示した図 7 (b) で置き換えることができる．たとえば，分岐点 D は分岐点 B,

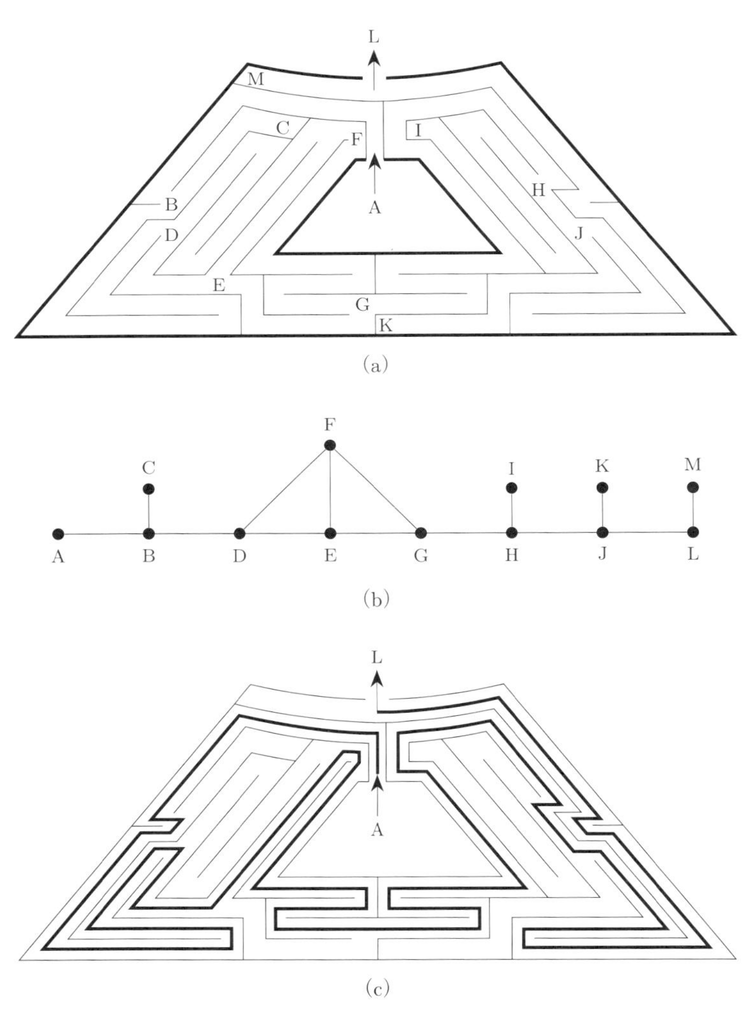

図 7　ハンプトンコートの迷路

E, F と直接結ばれている．C, I, K, M の行き止まりを取り除くと，この迷路から脱出する経路の全体が見えてくる．そのような経路は 4 通りあり，そのうちの一つを図 7 (c) に示す．

しかし，地図を持たずに迷路の中ほどで立ち往生しているとしたら，これは何の助けにもならない．外へ出るための指針として，1895 年のフランスの数学者ガストン・タリーによるものがある．

> ほかに選択肢がないのでなければ，はじめて訪れた分岐点では，そこにやってきた道を戻らないこと．

また，タリーはこの規則をアルゴリズムの形に定式化した．9 世紀のペルシャの数学者アルフワリズミにちなんで名づけられたアルゴリズムは，問題を段階的に解くための有限の手順である．これは，料理の本にあるレシピやある地点からほかの地点へドライブするときの道案内にやや似ている．適切な入力データ (料理の材料や出発地点と到着地点) を与えて「ハンドルを回す」と，出力として求める答えを得ることになる．本書では，組合せ問題を解くためのいくつかのアルゴリズムを示す．

列挙問題

太古の昔から，人々は，自分たちの身の回りの対象を数える必要があった．私たちも，そうした次のような問題に慣れ親しんでいる．

- 子供たちは何人いるか．

- クリスマスまでに買い物に行く日は何日あるか.
- 電球を取り付けるのに何人の組合せ論研究者が必要か.

本書では, 2 種類の列挙問題を考える. それは, 単に関連する対象の個数を知りたい場合の**数え上げ問題**と, それらすべてを明示的に列挙したい場合の**一覧問題**である. たとえば, 白雪姫の愉快な仲間を 7 人と数えることもできるし, その 7 人をバシュフル, ドック, ドーピー, グランピー, ハッピー, スリーピー, スニージーと列挙することもできる.

いくつかの問題では, 数え上げと一覧が互いに関わり合っていることもある. たとえば, 円周率 π の最初の 40 桁に何個の 7 があるだろうか.

この数え上げ問題に答えるために知られている理論的方法はないので, 40 桁を明示的に列挙して 7 の個数を数えざるをえない.

3.1415926535897932384626433832795028841971693993751

こうして, 4 個の 7 が見つかる.

化学

化学において, 化学式 C_nH_{2n+2} をもつ分子は**アルカン**, または, **脂肪族飽和炭化水素**と呼ばれ, 化学結合によって結ばれた n 個の炭素原子(C)と $2n+2$ 個の水素原子(H)がある. それぞれの炭素原子には, ほかの原子と結びつく 4 本の手があり, それぞれの水素原子には 1 本の手がある.

異なるアルカンが同じ化学式をもつことがある. ($n=5$ の場合の)化学式 C_5H_{12} をもつ 3 種類の分子を図 8 に示す. さて, 次のよ

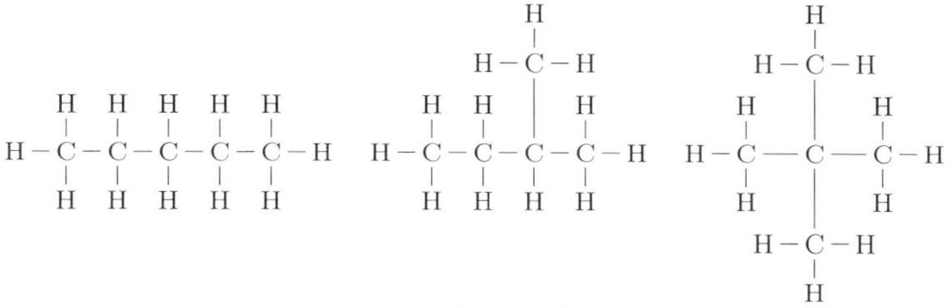

```
    H   H   H   H   H                        H                            H
    |   |   |   |   |                        |                            |
H - C - C - C - C - C - H                H - C - H                    H - C - H
    |   |   |   |   |                H   H   |   H                H       |       H
    H   H   H   H   H                |   |   |   |                |       |       |
                                 H - C - C - C - C - H        H - C ----- C ----- C - H
                                     |   |   |   |                |       |       |
                                     H   H   H   H                H       |       H
                                                                      H - C - H
                                                                          |
                                                                          H
```

n-ペンタン　　　2-メチルブタン　　　2,2-ジメチルプロパン

図 **8**　化学式 C_5H_{12} で表される 3 種類の化合物

うに問うてみよう.

n 個の炭素原子をもつアルカンは何種類あるか.

1875 年に, 英国の数学者アーサー・ケイリーは, どのようにしてこの問題に答えるかを示した. しかし, その結果に対する単純な公式は存在せず, n が増加するに従って, すべての化合物を並べ上げるのはあっというまに不可能になる.

ポリオミノ

また別の例として, ポリオミノを数えることもできる. ドミノ牌が同じ大きさの 2 個の正方形から作られているように, トロミノは一直線または L 字形に並べた 3 個の正方形から作られ, $\boldsymbol{n}$ **オミノ**は, n 個の正方形から作られる.

n の値が与えられたとき, 何種類の n オミノがあるか.

図 9 に正方形の数の少ない方からいくつかのポリオミノを列挙する. $n=1$ および $n=2$ の場合にはそれぞれ 1 通りしかなく, $n=3$ の場合は 2 通り, $n=4$ の場合は 5 通り, そして, $n=5$ の場合は 12

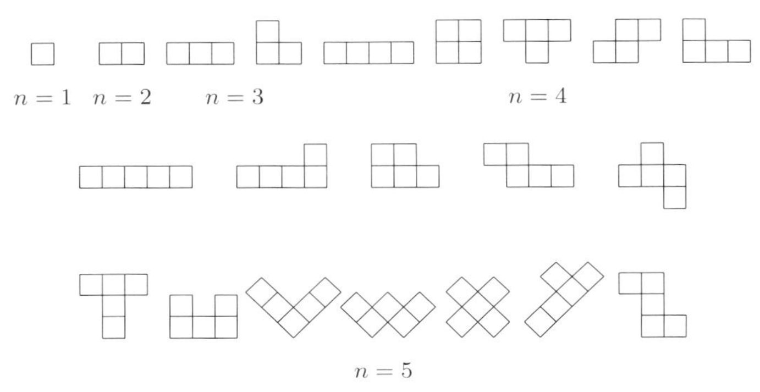

図 9　5 個以下の正方形で作られるポリオミノ

通りの n オミノがある．この問題に対する一般の場合の答えは知られていない．しかし，少なくとも n=28 までの n オミノは数え上げられていて，n=28 の場合には 153,511,100,594,603 通りの n オミノがある．

よく知られた組合せパズルに，12 種類のペントミノ(合計で 60 個の正方形)を面積が 60 の長方形の箱に収めよというものがある．この箱としては，6×10 (2339 通りの解)，5×12 (1010 通りの解)，4×15 (368 通りの解)，3×20 (たった 2 通りの解)を用いることができる．それぞれの場合の解の一例を図 10 に示す．

数え上げの法則

いくつかの基本的な数え上げの法則を知っていると便利である．ここで述べる数え上げの法則は，きわめて当たり前のものである．以降では，集合はすべて有限である．

本箱にあるすべての本を数えたければ，それぞれの棚にある本を数えて，その数を合計すればよい．1 年の最後の 3 か月の日数を

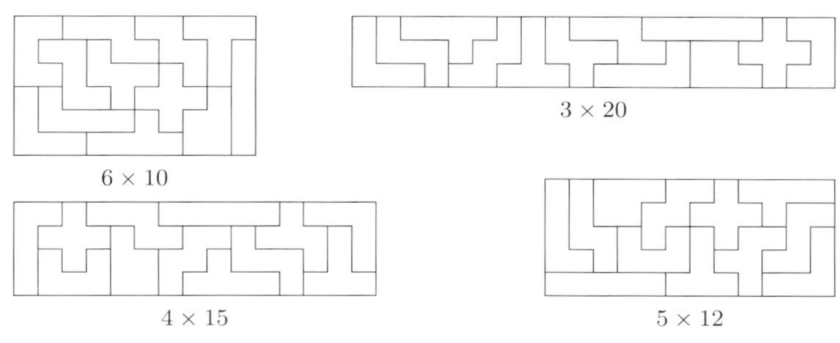

図 10　ペントミノを長方形の箱に詰める

知りたければ，10 月(31 日)，11 月(30 日)，12 月(31 日)それぞれの日数を数えて，その結果を合計し，92 日が得られる．あるいは，このページの文字数が知りたければ，それぞれの行の文字数を数えて，その結果を合計すればよい．

一般に，次の法則が成り立つ．ここで，部分集合が**互いに素**とは，それらに共通する要素がない場合をいう．

> **和の法則**：ある集合の要素の数を求めるには，その集合を互いに素な部分集合に分割し，それぞれの部分集合の要素を数え，その結果を足し合わせる．

前述の例では，この部分集合は，それぞれの棚の本，それぞれの月の日数，それぞれの行の文字である．

部分集合が 2 個だけであれば，この問題を逆にすることができる．

> **差の法則**：集合を二つの部分集合 A と B に分割できるならば，

集合全体の要素の個数からAに含まれる要素の個数を引くことで，Bに含まれる要素の個数が得られる．

たとえば，30人の子供の学級に14人の男の子がいるならば，女の子は30−14=16人でなければならない．そして，閏年(うるうどし)ではない年の最初の9か月の日数は，1年の総日数(365日)から最後の3か月の日数(92日)を引いた答えである273日になる．

差の法則は，共通の要素をもたない3個以上の部分集合に分割される集合に対しても容易に拡張される．たとえば，赤，白，青の旗100本があり，50本が赤旗で30本が青旗ならば，白旗は100−50−30=20本である．第4章では，この単純な考え方を部分集合に共通の要素を含んでもよい状況に拡張した包除原理を述べる．

また別の基本法則を紹介するために，次のような例を考える．

レストランのメニューに，2種類の前菜(スープかパテ)，4種類のメインディッシュ(牛肉，鶏肉，魚，野菜)，3種類のデザート(プリン，果物，チーズ)がある．このとき，何種類の異なる食事をとることができるだろうか．

2種類の前菜それぞれに対して，4種類のメインディッシュがあり，この最初の2品に対して合計で次の2×4=8通りの可能性がある．

スープ-牛肉，スープ-鶏肉，スープ-魚，スープ-野菜，
パテ-牛肉，パテ-鶏肉，パテ-魚，パテ-野菜

この 8 通りの選択肢それぞれに対して 3 通りのデザートがあるので，この 3 品に対して合計で $8\times3=24$ 通りの可能性がある．もっと簡単にいえば，とることのできる食事は $2\times4\times3=24$ 通りである．

一般には，次の法則が成り立つ．

積の法則：数え上げの問題を，それぞれにいくつかの選択肢があるような段階に分割することができるならば，とりうる場合の数の総数は，それぞれの段階での選択肢の数の積になる．

次の二つの問題の解法ではこの法則を用いる．

504 には何個の約数があるか．

$504=2^3\times3^2\times7$ は 3 個の 2，2 個の 3，1 個の 7 の積である．2^3 には 4 個の約数(1，2，4，8)，3^2 には 3 個の約数(1，3，9)，7 には 2 個の約数(1，7)があるので，504 の約数はいずれもこれらから作られる．たとえば，$28=2^2\times1\times7$ である．ここで，積の法則を用いると，504 の約数の個数は $4\times3\times2=24$ になる．

二進語は 0 と 1 だけから構成される．4 桁の二進語は何種類あるか．

1 桁目には 2 通りの可能性(0 か 1)があり，2 桁目，3 桁目，4 桁目も同じようにそれぞれ 2 通りの可能性がある．したがって，積の法則によって，4 桁の二進語は $2\times2\times2\times2=16$ 種類ある．それは次の 16 個である．

$$
\begin{array}{cccccccc}
0000, & 0001, & 0010, & 0011, & 0100, & 0101, & 0110, & 0111 \\
1000, & 1001, & 1010, & 1011, & 1100, & 1101, & 1110, & 1111
\end{array}
$$

同様にして，k 桁の二進語は 2^k 種類ある．

また別の役立つ組合せ論の原理として次のものがある．

> **対応法則**：数えるべき対象をすでに数えられている集合の要素と 1 対 1 に対応させられれば，その数え上げ問題を解くことができる．

この法則を使う例として，次のものがある．

> 4 要素の集合には何個の部分集合があるか．

集合 S が 4 個の要素 a, b, c, d をもつと仮定しよう．S のそれぞれの部分集合(集合 S そのものや要素のない空集合 $\varnothing$ も含む)に対して次のように 4 桁の二進語を対応させる．

- その部分集合に a が属していれば，1 桁目は 1，そうでなければ，0 とする．
- その部分集合に b が属していれば，2 桁目は 1，そうでなければ，0 とする．
- その部分集合に c が属していれば，3 桁目は 1，そうでなければ，0 とする．
- その部分集合に d が属していれば，4 桁目は 1，そうでなければ，0 とする．

たとえば，部分集合 $\{a, c, d\}$ は二進語 1011 に，部分集合 $\{b\}$ は 0100 に，集合 S 全体は 1111 に，空集合 $\varnothing$ は 0000 に対応する．

この 1 対 1 対応によって，部分集合の個数は，4 桁の二進語の個数に等しく，それは前述の結果によって 16 であることが分かる．同様にして，k 個の要素をもつ集合の部分集合の個数は 2^k である．

さらにもう一つ法則をあげて，この節を終えよう．

> 商の法則：n 個の要素をもつ集合が m 個の互いに素な部分集合に分割でき，その部分集合の大きさがそれぞれ k ならば，$m=n/k$ である．

これは，積の法則からすぐに導かれる．なぜなら，m 個の互いに素な部分集合それぞれの大きさが k であれば，要素の総数 n は $m \times k$ であるからだ．

次の二つは，商の法則を使う単純な例である．

> 52 枚のトランプ一式が何組かごちゃ混ぜになっていると仮定する．全部で 260 枚のカードがあるならば，$260 \div 52 = 5$ 組のトランプ一式がある．
>
> 立方体の辺の数を求めるために，6 個の正方形の面の周りの辺の数を数えると，積の法則によって，$4 \times 6 = 24$ 本が得られる．しかし，それぞれの辺は，二つの面の境界になっているので，2 回ずつ数えられている．したがって，商の法則によって，辺の総数は $24 \div 2 = 12$ である．

最適化問題

ニューヨークからシカゴまで最短時間でドライブしたい．さまざまな経路上の隣り合う都市間の移動時間が与えられたとき，数多くある可能な経路のうちのどれを選ぶべきか．

これは，**最適化問題**の一例である．最適化問題では，多くの解の中から，ある基準に照らして「もっともよい」解を選ぶ必要がある．たとえば，この章の冒頭の仕事割り当て問題において，すべての求職者にそれぞれのもつさまざまな資格に合った仕事を割り当てる方法が何通りかあっても，ある求職者が特定の仕事により適しているならば，ある割り当て方はほかの割り当て方よりもよいということになるかもしれない．どのようにして，全体としてもっともよい割り当て方を見つければよいだろうか．

第6章で再び登場する2種類の最適化問題は，**最小全域木問題**と**巡回セールスマン問題**である．

最小全域木問題：運河，鉄道，空路などの路線によりいくつかの都市を結びつけたいが，接続するための費用は高額である．それぞれの都市からほかのすべての都市に行けることを保証しつつ，接続費用の総額を最小にできるだろうか．

巡回セールスマン問題：各地を巡るセールスマンが，商品を売るためにいくつかの都市を訪れて出発点に戻りたい．都市から都市へと移動する費用が分かっているとき，総費用が最小になるような経路の計画をどのようにして立てればよいだろうか．

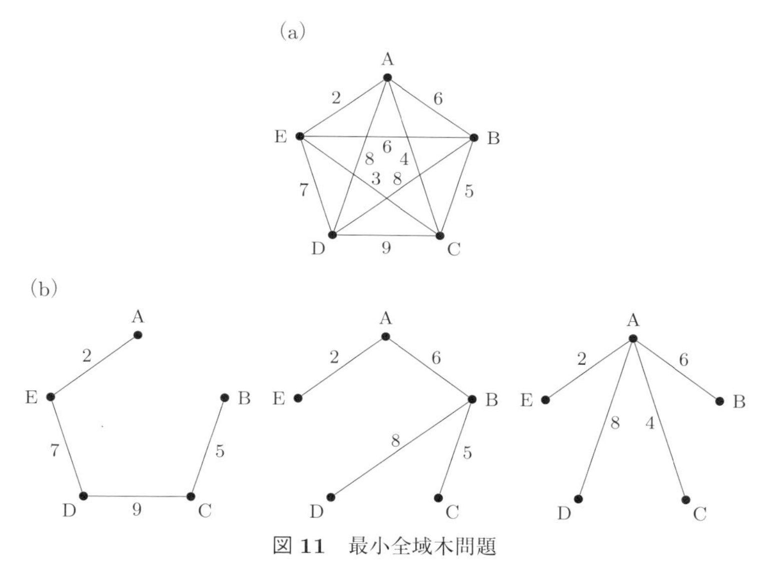

図 **11**　最小全域木問題

5 都市 A, B, C, D, E における最小全域木問題を図 11 (a) に示す．都市と都市を結ぶ辺に記した数はそれらを結ぶ費用を表す．少し実験してみると，図 11 (b) に示したような総費用 23, 21, 20 の解が見つかる．しかし，20 が最良の解なのか，それとももっと小さい解があるのか．

第 6 章では，つねに最適な解を作り出す効率的なアルゴリズムを示して，これらの問いに答える．

図 12 (a) は，巡回セールスマン問題の例である．この問題でも，少し実験をしてみると，図 12 (b) のような費用 29, 29, 28 の解が見つかる．しかし，28 が最良の解なのか，それとももっと小さい解があるのか．そして，つねに最適な解を作り出す効率的なアルゴリズムはあるのか．これらについても第 6 章で答える．

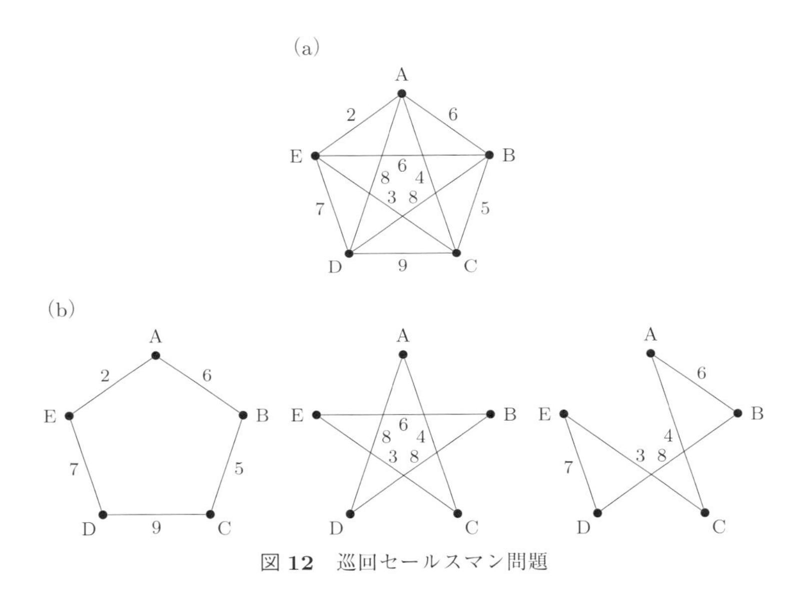

図 **12**　巡回セールスマン問題

アルゴリズムの効率性

前節では，アルゴリズムの効率性に言及した．これは何を意味するのだろうか．

すべてのアルゴリズムには実行時間があり，それを T と呼ぶことにする．実行時間は，計算機が必要な計算をすべて実行するのに必要な時間，あるいは，そのような計算の実際の回数でもよい．それぞれの問題には入力サイズがあり，それを n と呼ぶことにする．たとえば，道路網にある都市の数や，素因数分解しようとしている数の桁数が入力サイズである．いずれの場合も，実行時間 T は，通常，入力サイズ n に依存する．

とくに重要なのは，もっとも効率的な多項式時間アルゴリズム

表1　2種類のアルゴリズムにおける実行時間

	$n=10$	$n=30$	$n=50$
n^2	0.001秒	0.0009秒	0.0025秒
2^n	0.001秒	17.9分	35.7年

である．これは，最大実行時間が入力サイズのべき乗，たとえば，n^2 や n^5 に比例するようなアルゴリズムである．多項式時間アルゴリズムで解ける問題の族をPと呼ぶ．その一例は，第6章で示す効率的なアルゴリズムをもつ最小全域木問題である．このアルゴリズムの最大実行時間は，都市の数の2乗，すなわち，n^2 に比例する．これとは対照的に，実行時間が 2^n や 10^n のように増える**指数時間アルゴリズム**のような，多項式時間では終わらない効率の悪いアルゴリズムもある．

1秒間に100万回の演算を行う計算機において，入力サイズが $n=10$, $n=30$, $n=50$ の場合の多項式時間アルゴリズムと指数時間アルゴリズムの実行時間を比較した表1を見ると，この二つのアルゴリズムの違いが分かる．あきらかに，入力サイズが大きくなるにつれて，指数時間アルゴリズムはあっというまに実用的でなくなる．

ここで，「非決定性多項式時間問題」の集合であるNPを導入する．これらは，解が与えられれば，それを多項式時間で検証できるようなアルゴリズムである．あきらかに，PはNPに含まれる．なぜなら，ある問題が多項式時間で解ければ，確かに多項式時間でその解を検証できるからである．解を検証することは，まずそれを見つけることよりもずっと簡単なのである．しかし，PとNPは一致するのか．

超難問：P=NP か.

この答えが肯定的だと信じている人は少ない．なぜなら，もしそうだとしたら，簡単に検証できる解法をもつすべての問題は，簡単に解けてしまうからである．しかし，P≠NP，すなわち，NP には，多項式時間で解くことのできない問題が含まれることは誰も証明できていないのである．

1971 年に，米国・カナダの数学者であり計算機科学者でもあるスティーブン・クックは，重要な論文を発表した．クックは，数理論理学における**充足可能性問題**と呼ばれる特定の問題が NP に属することを示した．また，クックは次のような驚くべき結果を証明した．

充足可能性問題が多項式時間で解けるならば，NP に属するすべての問題は，多項式時間で解ける．

したがって，充足可能性問題が P に属するならば，NP に属するほかのすべての問題も P に属し，P=NP と結論づけることができる．しかし，充足可能性問題が P に属さないならば，NP に属するほかのすべての問題も P に属さず，したがって，P≠NP となる．このようにして，「P=NP?」問題は，たった一つの問題に対して多項式時間アルゴリズムが存在するかどうかにかかっている．

最後に，問題は，それに多項式時間の解があればすべての NP 問題が多項式時間で解けるならば，**NP 完全**という．（P=NP でないかぎり）NP に属するすべての問題が NP 完全というわけではないが，NP 完全問題には，充足可能性問題のほかに巡回セールスマン問題など何百もの問題が含まれる．したがって，NP 完全問題のうち一つの問題にでも多項式時間アルゴリズムがあれば，そのほかの問題すべてに多項式時間アルゴリズムが存在することになり，P は NP に等しくなる．一方，それらのうちのどれか一つでも多項式時間アルゴリズムがないとしたら，ほかのどの問題も多項式時間アルゴリズムをもつことはできず，P は NP と一致しない．

P=NP かどうかを知ることは，理論的に重要なだけではない．多くの NP 完全問題は，実用上きわめて重要である．そして，クレイ数学研究所がこの問題の解決に対して提供する 100 万ドルの懸賞金を含め，莫大なお金が関わる話でもある．

3　順列と組合せ

順列と組合せは，何千年も前から研究されてきた．そこでの関心は，ある集まりから対象を選ぶことにあって，(朝食のシリアルに順位をつけるときのように)特定の順序がある場合と，(ブリッジの手札を配るときのように)順序を気にしない場合がある．

たとえば，スペードのジャック(J)，クイーン(Q)，キング(K)，エース(A)という4枚のカードが手元にあると仮定しよう．この中からちょうど2枚を選ぶ場合の数は何通りあるだろうか．

2枚のカードを順に選んで，2枚目のカードを選ぶ前に1枚目のカードを戻すならば，次の16通りの場合がある．

JJ, JQ, JK, JA, QJ, QQ, QK, QA, KJ, KQ, KK, KA, AJ, AQ, AK, AA.

これは，重複を許し順序を区別する選択である．

選んだカードの順序はやはり区別するが，1枚目のカードを選んだ後にそれを戻さないならば，次の12通りの場合がある．

JQ, JK, JA, QJ, QK, QA, KJ, KQ, KA, AJ, AQ, AK.

これは，重複を許さず順序を区別する選択である．

選んだカードの順序を区別せず(たとえば，JKとKJは同じとみなす)，1 枚目のカードを選んだ後にそれを戻さないならば，次の 6 通りの場合がある．

JQ, JK, JA, QK, QA, KA.

これは，重複を許さず順序を区別しない選択である．

最後に，選んだカードの順序を区別せず，1 枚目のカードを選んだ後にそれを戻すならば，次の 10 通りの場合がある．

JJ, JQ, JK, JA, QQ, QK, QA, KK, KA, AA.

これは，重複を許し順序を区別しない選択である．

この章では，この 4 種類の選択を調べて，それらが，順列，組合せ，パスカルの三角形，二項係数，確率分布とどのように関係しているかを示す．

順序を区別する選択

中国の古典である『易経』では，6 本の水平線による「卦(か)」によってそれぞれの章が象徴されている．それぞれの水平線は，つながった線分(陽爻(こう))か，切れ目のある線分(陰爻)である．この卦のうちの 16 種類を図 13 に示す．卦は全部で何種類あるだろうか．

それぞれの卦には 6 個の爻があり，それぞれの爻として 2 通りの選択肢があるので，(第 2 章の)積の法則によって，卦の総数は

$$2\times2\times2\times2\times2\times2 = 2^6 = 64 \text{ 種類}$$

である．これは，重複を許し順序を区別する選択である．なぜなら，それぞれの卦において，爻の順序には意味があり，陽爻と陰爻

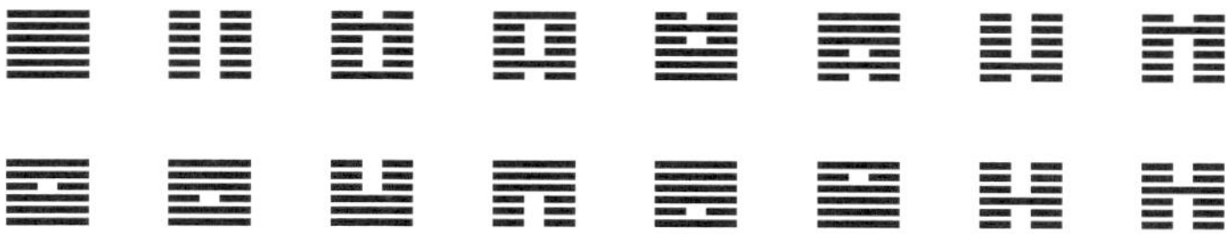

図 **13** 『易経』の卦

が2個以上現れうるからである．

一般には，積の法則から次の法則が得られる．

> 重複を許し順序を区別する選択：n 個の対象からなる集合から k 個を選ぶとき，重複を許して選び，その順序を区別するならば，可能な選び方は n^k 通りある．

たとえば，0と1から作られる k 桁の二進語は 2^k 種類あり，52枚のトランプから5枚のカードを選ぶとき，1枚選ぶごとにそのカードを戻すならば，選び方の総数は $52^5=380,204,032$ 通りである．

別の例として，DNA分子の構成単位であるヌクレオチドに関するものがある．DNAは，デオキシリボースと呼ばれる糖類につながったアデニン(A)，シトシン(C)，グアニン(G)，チミン(T)の4種類の化合物で作り上げられている．2本のDNA鎖の一方の「コード鎖」には，これらの化合物が，ACTやCGGのように3個ずつの並び(コドンと呼ばれる)として順番に結合している．そしてこれが，対応するたんぱく質を組み立てるときにどのアミノ酸を使うかを規定する「遺伝情報」として振る舞う．積の法則により，化合物の三つ組であるコドンは $4^3=64$ 種類ある．

さらにすごいことに，ヒトの1倍体ゲノムを構成する23個の染色体は，これら4種類のヌクレオチド32億個からなるので，ヒトゲノムは少なくとも$4^{3200000000}$通りあることになるが，この数は10億桁よりも大きい．しかし，これでもまだ少なめに見積もっている．なぜなら，染色体は一般に対をなして2倍になっているし，性染色体も無視しているからである．この数に比べれば，人類の誕生から今までの延べ人口は，1070億人ほどであり，微々たるものである．

並べ替え

n個の対象の並べ方は何通りあるだろうか．

12世紀にバースカラ2世が著した『リーラーヴァティー』にある次の問題を考えてみよう．

> 10本の手を持つシヴァ神が手に持った10個の品を互いに持ちかえてできる姿は何通りあるか？　その品とは，縄，象の鉤，蛇，小太鼓，髑髏，三叉の矛，寝台架，短剣，矢，弓である．

シヴァ神の第1の手は10個のもののうちのどれか一つを持つことができ，第2の手は残りの9個のうちのどれか一つを持つことができ，第3の手は残りの8個のうちのどれか一つを持つことができるというように続くので，積の法則によって，可能な並び方の総数は

$$10\times9\times8\times7\times6\times5\times4\times3\times2\times1 = 3{,}628{,}800$$

通りであることが分かる．

フランスのミニミット(ミニム)派修道士マラン・メルセンヌは，

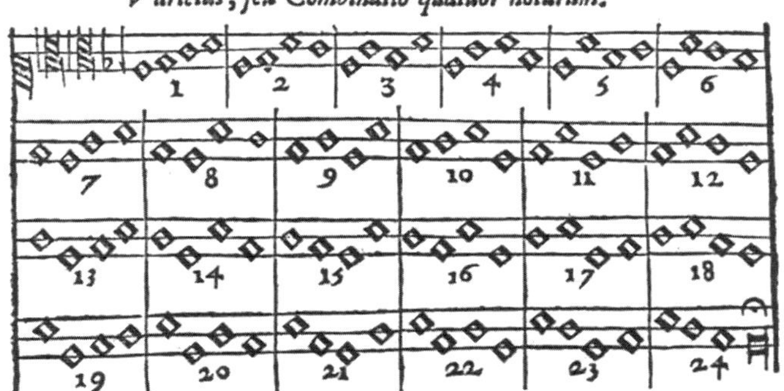

図 14　メルセンヌによる 4 個の音符の並べ方(M. Mersenne, *Harmonicorum Libri*, Guillaume Baudry, Paris(1635), p. 117)

メルセンヌ素数にその名をとどめている．メルセンヌ素数は，3, 7, 31 などの 2^n-1 の形をした素数である．1636 年に，メルセンヌは，『調和原理の書』において 4 個の音符の並べ方をすべて列挙し(図 14)，さらに 6 個の音符の並べ方も示した．シヴァ神の場合と同様の計算によって，4 個の音符の並べ方は $4\times3\times2\times1=24$ 通りあり，6 個の音符の並べ方は $6\times5\times4\times3\times2\times1=720$ 通りある．

一般には，次の結果が得られる．

> 並べ替え：n 個のものを並べる場合の数は $n\times(n-1)\times(n-2)\times\cdots\times3\times2\times1$ 通りある．
> この数は n の階乗と呼ばれ，$n!$ と表記する．

したがって，シヴァ神の場合には 10! 通りの並べ方があり，メルセンヌの場合には 4! 通りと 6! 通りの並べ方がある．

表 **2**　階乗

n	1	2	3	4	5	6	7	8	9	10
$n!$	1	2	6	24	120	720	5040	40,320	362,880	3,628,800

10! までの階乗の値を表 2 に示す．この値は急激に大きくなることに注意しよう．この現象は，**組合せ爆発**として知られていて，本書のあちらこちらで遭遇することになる．

$n!$ の値は，次の等式を繰り返し用いることによって，順次計算できる．

$$(n+1)! = (n+1) \times n!$$

たとえば，10 世紀のユダヤ人哲学者サアディア・ガーオーン(サアディア・ベン・ヨセフ)は，次のように述べた．

> 8 文字の順列(並べ替え)の数を知りたければ，7 文字の並べ方である 5,040 に 8 を乗じて 40,320 語を得，9 文字の順列の数を求めているのであれば，40,320 に 9 を乗じて 362,880 語を得る．そして，10 文字の順列の数を求めているのであれば，362,880 に 10 を乗じて 3,628,800 語を得，11 文字の順列の数を求めているのであれば，3,628,800 に 11 を乗じて 39,916,800 語を得る．

$n!$ の近似値は，ジェームズ・スターリングが 1730 年に発表した次の結果から得ることもできる．

スターリングの公式：n が大きいときには，$n!$ は $\sqrt{(2\pi n)}\times(n/e)^n$ に近似的に等しい．ただし，e=2.718⋯ は，自然対数の底である．

たとえば，n=100 の場合，スターリングの公式を用いると $100!\sim 9.325\times 10^{157}$ という近似値が得られる．この近似値の誤差は1パーセントの10分の1以下である．

順列

順列という用語は2通りに用いられる．ここでは重複を許さず順序を区別する選択という意味で使うが，(すでに述べたような)並べ替えを意味するときに使われることもある．

次のような単純な問いから始めよう．

1人で複数の役職につくことはできないとすると，7人の委員の中から，委員長，書記，会計を選ぶ場合の数は何通りあるか．

委員長の選び方には7通りあり，書記の選び方には6通りあり，会計の選び方には5通りある．したがって，これらの選び方の総数は，積の法則によって，$7\times6\times5=210$ 通りである．

一般には，次の法則が成り立つ．

重複を許さず順序を区別する選択(順列)：n 個の対象からなる集合の中から k 個を選ぶとき，その選択の順序を区別し重複を許さないならば，可能な選び方は

$$n\times(n-1)\times(n-2)\times\cdots\times(n-k+1)$$

通りある．この式を $P(n,k)$ と表記する．

たとえば，つい先ほどみたように，$P(7,3)=210$ である．

$$P(n,n) = n\times(n-1)\times(n-2)\times\cdots\times3\times2\times1 = n!$$

であるから，並べ替えは，$k=n$ の場合の順列である．

順列の数を計算する別のやり方を，次の例で具体的に示す．

$$\begin{aligned}P(7,3) &= 7\times6\times5 = (7\times6\times5\times4\times3\times2\times1)/(4\times3\times2\times1)\\ &= \frac{7!}{4!} = \frac{7!}{(7-3)!}\end{aligned}$$

一般には，次の式が成り立つ．

$$P(n,k) = \frac{n!}{(n-k)!}$$

このことから，とくに $P(n,n)=n!/(n-n)!=n!/0!$ になることがわかる．$P(n,n)=n!$ であるから，これが $0!$ を 1 と定義する理由である．

この節を終えるにあたって，多くの人が驚く結果を示す．

誕生日のパラドックス：無作為に 23 人を選ぶと，その中の少なくとも 2 人は同じ誕生日になることのほうが起こりやすい．

簡単のため，閏年は無視して，1 年は 365 日であると仮定しよう．誕生日に関する制約はないので，それぞれの人の誕生日は 365 通りの可能性があり，これを合わせると

$$365 \times 365 \times 365 \times \cdots \times 365\ (23\text{ 個の積}) = 365^{23}$$

通りになる．しかし，誕生日が重ならないのならば，1 人目は 365 日のどの日が誕生日でもよいが，2 人目は 364 日のどれかが誕生日というように続き，23 人目は 343 日のどれかが誕生日ということになる．したがって，起こりうる場合の数は

$$365 \times 364 \times 363 \times \cdots \times 343 = P(365, 23)$$

である．このことから，誕生日が重ならない確率は $P(365, 23)/365^{23}$ であり，これは約 0.493 である．

したがって，誰かの誕生日が重なる確率は約 1−0.493=0.507 になる．すなわち，少なくとも一つの誕生日が 2 回以上現れることのほうが(わずかに)起こりやすい．

順序を区別しない選択

紀元前 6 世紀に，スシュルタはサンスクリット語の論文で，薬には甘味，酸味，塩味，辛味，渋味，苦味がありうると主張し，複数種類を同時に摂取する場合のすべての組合せを明示的に列挙した．たとえば，2 種類を同時に摂取する場合の 15 通りの組合せを次のように列挙した．

甘味-酸味，甘味-塩味，甘味-辛味，甘味-渋味，甘味-苦味，
酸味-塩味，酸味-辛味，酸味-渋味，酸味-苦味，塩味-辛味，
塩味-渋味，塩味-苦味，辛味-渋味，辛味-苦味，渋味-苦味

また，スシュルタは，一度に 1 種類を摂取する場合には 6 通りの組合せ，3 種類を同時に摂取する場合には 20 通りの組合せ，4 種類を同時に摂取する場合には 15 通りの組合せ，5 種類を同時に摂取する場合には 6 通りの組合せがあることを見つけた．

時代は下り 6 世紀になって，インドの天文学者で数学者でもあるヴァラーハミヒラは，16 種類の中から 4 種類の材料を選ぶ場合の数を，正しく 1820 通りと求めた．ヴァラーハミヒラは，もちろんこれらすべてを列挙したのではなかった．それでは，どのようにしてヴァラーハミヒラはこの値を求めたのだろうか．

このような重複を許さず順序を区別しない選択は組合せと呼ばれ，そこから組合せ論などの言葉が生まれた．順列と同じように，組合せを調べるために，次のような単純な問いから始めることにしよう．

> 7 人の委員から小委員会のメンバー 3 人を選ぶ場合の数は何通りあるか．

選択の順序を区別するならば，順列の場合に求めたように $7\times6\times5=210$ 通りの場合がある．しかし，ここでは，選択の順序を区別しない．$3!=6$ 通りのどのような選び方であったとしても，同じ 3 人が小委員会のメンバーに選ばれるので，商の法則(第 2 章)によって，小委員会のメンバーの選び方は $210/6=35$ 通りであることが分かる．

一般には，次の結果が得られる．

> 重複を許さず順序を区別しない選択(組合せ)：n 個の対象から

なる集合から k 個を選ぶとき，選択の順序を区別せず，重複を許さないならば，可能な選び方は

$$\frac{P(n,k)}{k!} = \frac{n\times(n-1)\times(n-2)\times\cdots\times(n-k+1)}{k!}$$

通りある．この式を $C(n,k)$ と表記する．また，しばしば $\binom{n}{k}$ と書く．

たとえば，すでにみたように $C(7,3)=(7\times6\times5)/3!=35$ であり，この表記を用いると，スシュルタの結果は

$$C(6,1)=C(6,5)=6,\ C(6,2)=C(6,4)=15,\ C(6,3)=20$$

となり，ヴァラーハミヒラの問題の答えは

$$C(16,4)=\frac{16\times15\times14\times13}{4!}=1820$$

となる．$P(n,k)=n!/(n-k)!$ であるから，組合せの場合の数を次のような便利な形式に書き直すことができる．

$$C(n,k)=\frac{n!}{k!\,(n-k)!}$$

たとえば，$C(7,3)=7!/(3!\,4!)=5040/(6\times24)=35$ である．$0!=1$ なので，任意の数 n に対して，

$$C(n,0)=C(n,n)=\frac{n!}{n!\,0!}=1$$

であることに注意しよう．

この定義から分かる興味深い結果として，

任意の連続する k 個の正整数の積は，$k!$ で割り切れる．

これは，このような積がいずれも

$$n\times(n+1)\times(n+2)\times\cdots\times(n+k-1) = P(n+k-1,k)$$
$$= k!\times C(n+k-1,k)$$

という形式になり，$k!$ で割り切れるからである．

組合せの性質

スシュルタの論文にあるように，$C(6,2)=C(6,4)$ および $C(6,1)=C(6,5)$ である．一般には，次の式が成り立つ．

組合せ規則 1：$k\leqq n$ である任意の数 n と k に対して

$$C(n,k) = C(n,n-k)$$

この等式は，階乗を用いた組合せの公式を用いて次のように代数的に証明することができる．

$$C(n,n-k) = \frac{n!}{(n-k)!\,(n-(n-k))!} = \frac{n!}{(n-k)!\,k!}$$
$$= C(n,k)$$

しかし，これをもっと分かりやすく見るには，k 個のものを選ぶと $n-k$ 個のものが残るので，k 個のものを選ぶ場合の数 $C(n,k)$ は，それぞれの場合に残された $n-k$ 個のものを選ぶ場合の数 $C(n,n-k)$ に等しいことに気づけばよい．

別の重要な結果として，次の等式がある．

組合せ規則 2：$k\leqq n$ である任意の数 n と k に対して

$$C(n,k) = C(n-1,k-1)+C(n-1,k)$$

たとえば，$C(7,3)=C(6,3)+C(6,2)=20+15$（これはスシュルタの結果である）$=35$ となり，すでに述べた結果に等しい．

この等式も，代数を使って証明することができるが，次のような組合せ論的証明のほうがより多くの知見が得られる．まず，n 個の対象のうちの一つになんらかの印をつける．このとき，n 個の対象から任意の k 個を選ぶというのは，印をつけた 1 個を除く（したがって，残りの $n-1$ 個の対象から k 個を選ばなければならない）か，印をつけた 1 個を含める（この場合には，残りの $n-1$ 個の対象からちょうど $k-1$ 個を選ぶ必要がある）かのいずれかである．したがって，選び方の総数 $C(n,k)$ は，印をつけた 1 個を除く選び方の数である $C(n-1,k)$ に，印をつけた 1 個を含めた選び方の数 $C(n-1,k-1)$ を加えたものになる．

また，次の等式も成り立つ．

組合せ規則 3：任意の数 n に対して

$$C(n,0)+C(n,1)+C(n,2)+\cdots+C(n,n-1)+C(n,n) = 2^n$$

たとえば，スシュルタの結果から

$$C(6,0)+C(6,1)+C(6,2)+C(6,3)+C(6,4)+C(6,5)+C(6,6)$$
$$= 1+6+15+20+15+6+1 = 64 = 2^6$$

なぜなら，S を n 個の元からなる集合とすると，そこから k 個

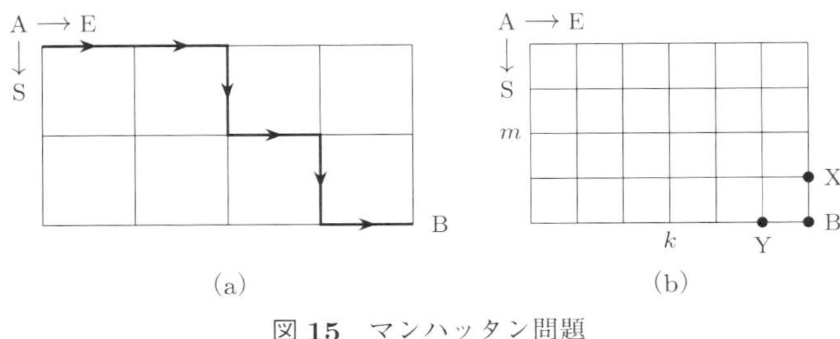

図 15　マンハッタン問題

の元を選ぶ場合の数 $C(n,k)$ は，単に大きさが k の S の部分集合の数だからである．したがって，組合せ規則 3 の等式の左辺は，任意の大きさの部分集合の総数である．しかし，第 2 章の結果によって，n 個の元からなる集合の部分集合は 2^n 個あるので，この規則が得られる．

いわゆるマンハッタン問題においても，組合せの数 $C(n,k)$ が現れる．

> マンハッタン問題：東西に k 区画，南北に m 区画に区切られた格子状の街路がある．この街路の左上隅から右下隅まで南東に進む経路は何通りあるか．

k=4, m=2 の場合を図 15 (a)に示す．この場合には，まず 1 ブロック東(E)に進むか，または，1 ブロック南(S)に進むことから始めることになり，A から B までのとりうる経路は次の 15 通りあることが分かる．(図には EESESE の経路を矢印で描いてある．)

EEEESS, EEESES, EEESSE, EESEES, EESESE, EESSEE,

ESEEES, ESEESE, ESESEE, ESSEEE, SEEEES, SEEESE, SEESEE, SESEEE, SSEEEE.

これら6ステップの経路それぞれには，4個のEと2個のSがある．したがって，AからBへ南東に進む可能な経路の数は4個のEを置く位置の選び方の数である$C(6,4)$になる．これは，2個のSを置く位置の選び方の数である$C(6,2)$でもある．したがって，$C(6,4){=}C(6,2)$である．

一般には，それぞれの経路にk個のEとm個のSがあるならば，AからBへ南東に進む可能な経路の数は，（Eを置く位置を考えると）$C(k{+}m,k)$であり，また，（Sを置く位置を考えると）$C(k{+}m,m)$である．したがって，

$$C(k{+}m,k) = C(k{+}m,m)$$

となる．ここで，$n{=}k{+}m$, $m{=}n{-}k$とすると，

$$C(n,k) = C(n,n{-}k)$$

となり，これは組合せ規則1である．

さらに，AからBまでの$C(n,k)$通りの経路それぞれは，図15(b)のX地点かY地点のいずれかを通らなければならない．しかし，Xを通る経路の数は$C(k{+}(m{-}1),k){=}C(n{-}1,k)$であり，Yを通る経路の数は$C((k{-}1){+}m,k{-}1){=}C(n{-}1,k{-}1)$である．したがって，

$$C(n,k) = C(n{-}1,k){+}C(n{-}1,k{-}1)$$

となり，これは組合せ規則2である．

パスカルの三角形

図16のように数を並べたものは，パスカルの三角形として知られている．この k 番目の対角線の n 行目に現れる数は組合せの数 $C(n,k)$ である．たとえば，n=6 と書かれた行にある 1, 6, 15, 20, 15, 6, 1 は，スシュルタの論文にある組合せの数である．

パスカルの三角形には長い歴史がある．その初期の3種類を図17に示す．(a)は，1007年頃のアラビアの数学者アルカラジによるもので，知られているうちでもっとも古いものである．(b)は，1303年の朱世傑による『四元玉鑑』にある中国語のものだが，下から2段目に間違いがある(35ではなく34になっている)．そして，(c)はブレーズ・パスカル本人によるもので，死後の1665年に発表された．この主題を「現代的」に取り扱ったのは，この三角

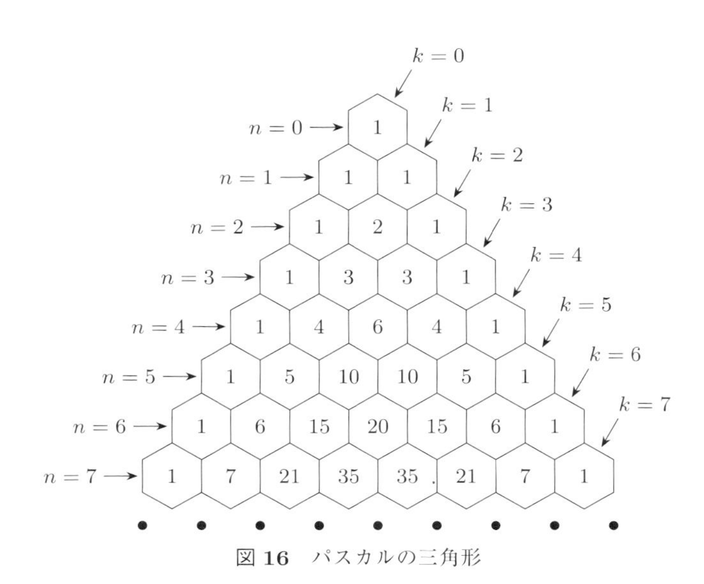

図 16　パスカルの三角形

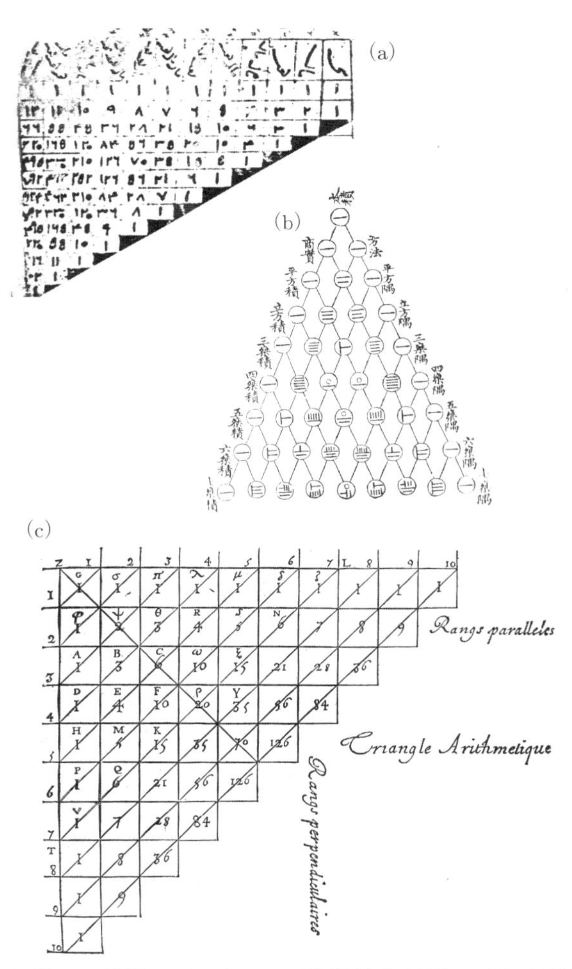

図 17　初期の 3 種類のパスカルの三角形((a) Al-Karaji(c.1007),(b) 朱世傑,『四元玉鑑』(1303),口絵(商務印書館,上海(1937)による複製),(c) B. Pascal, *Traité du Triangle Arithmétique*, Desprez, Paris (1665),口絵)

形が生じうるさまざまな状況を説明したパスカルがはじめてであった.

パスカルの三角形について述べておくべき特徴がいくつかある.

組合せ規則1によって, それぞれの行は, 右から順に見ても, 左から順に見ても, 同じ並びである.

組合せ規則2によって, それぞれの行の先頭と最後にある1だけは別として, それぞれの数はそのすぐ上の2数の和になっている. たとえば, 6行目の20はそのすぐ上にある2個の10の和になっている.

組合せ規則3によって, n 行目にある数の和は 2^n になる. たとえば, 6行目にある数を足し合わせると $2^6=64$ になる.

また, $k=1$ の対角線上には自然数が並び, $k=2$ の対角線上には, 古代ギリシャ人にも知られていた三角数 1, 3, 6, 10, 15, 21, ... が並ぶ. 第 n 行の三角数は $C(n,2)=n(n-1)/2$ であり, 隣り合う二つの三角数の和はどれも平方数になる.

$$C(n,2)+C(n+1,2) = \frac{n(n-1)}{2}+\frac{n(n+1)}{2} = n^2$$

たとえば, $10+15=25=5^2$ である(図18).

第4章では, パスカルの三角形の中にフィボナッチ数を見つける方法を示す.

二項定理

通常, パスカルの三角形における組合せの数 $C(n,k)$ は, 二項係数と呼ばれる. なぜなら,「二項」式 $x+y$ のべき乗を次のように展開すると, これらの数が現れるからである.

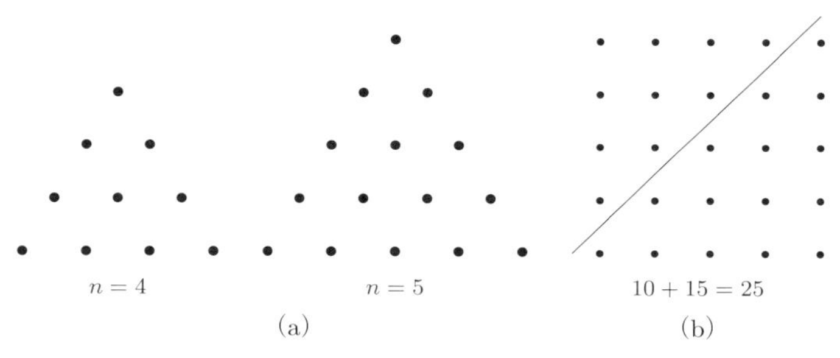

図 18 隣り合う三角数を合わせると正方形になる

$$(x+y)^0 = 1$$
$$(x+y)^1 = 1x+1y$$
$$(x+y)^2 = 1x^2+2xy+1y^2$$
$$(x+y)^3 = 1x^3+3x^2y+3xy^2+1y^3$$
$$(x+y)^4 = 1x^4+4x^3y+6x^2y^2+4xy^3+1y^4$$
$$(x+y)^5 = 1x^5+5x^4y+10x^3y^2+10x^2y^3+5xy^4+1x^5$$
$$(x+y)^6 = 1x^6+6x^5y+15x^4y^2+20x^3y^3+15x^2y^4+6xy^5+1x^6$$
$$(x+y)^7 = 1x^7+7x^6y+21x^5y^2+35x^4y^3+35x^3y^4+21x^2y^5+7xy^6+1y^7$$
$$\cdots\cdots$$

組合せの数がこのように現れる理由は，次のような積を考えると分かる．

$$(x+y)^6 = (x+y)\times(x+y)\times(x+y)\times(x+y)\times(x+y)\times(x+y)$$

この積のそれぞれの項は，1 番目の $(x+y)$ から選んだ x か y に，その後に続く $(x+y)$ からそれぞれ選んだ x か y を組み合わせたものなので，それぞれが x か y であるような 6 文字になる．たとえば，1 番目と 5 番目の $(x+y)$ から x を選び，残りの $(x+y)$ から y を選ぶと，項 $xyyyxy$ が得られる．したがって，この積における x^2y^4 の係数は，6 個の $(x+y)$ のうちの 2 個から x を選び，残りの $(x+y)$ から y を選ぶ場合の数である．これは $C(6,2)=15$ 通りあり，この積における項 $15x^2y^4$ を生み出す．一般には，

> $(x+y)^n$ の二項展開における x^ky^{n-k} の係数は，n 個の $(x+y)$ から k 個の x と $n-k$ 個の y を選ぶ場合の数である $C(n,k)$ になる．

このことから，次の結果が得られる．

二項定理：任意の正整数 n に対して

$$(x+y)^n = C(n,0)x^n+C(n,1)x^{n-1}y+C(n,2)x^{n-2}y^2 +\cdots+C(n,n-1)xy^{n-1}+C(n,n)y^n$$

x と y に対して特定の数を代入すると，さまざまな等式が得られる．たとえば，$x=1$ と $y=1$ からは，次の組合せ規則 3 が得られる．

$$C(n,0)+C(n,1)+C(n,2)+\cdots+C(n,n-1)+C(n,n) = (1+1)^n = 2^n$$

一方，$x=1$ と $y=-1$ からは，

$$C(n,0)-C(n,1)+C(n,2)-\cdots\pm C(n,n) = (1-1)^n = 0$$

が得られる．ただし，複号は，n が偶数の場合は $+$，n が奇数

の場合は – である.

玉を箱に配分する

そして，重複を許し順序を区別しない選択を数えなければならない．それを数える一つの方法は，箱に配分する玉を使ってそのような選択を考えることである．すなわち，n 個の元からなる集合から k 個を選ぶのではなく，n 個の箱に k 個の玉を入れることにする．ここまでに見てきた選択の種類を復習しよう．n=6, k=4 の場合，玉を 1, 2, 3, 4 とし，箱を a, b, c, d, e, f としたものを図 19 に図示した.

重複を許し順序を区別する選択：それぞれの箱に複数の玉を入れることを許すならば，k 個の玉を n 個の箱に配分する場合の

重複を許し順序を区別する選択

選択	a	b	c	d	e	f
$acec$	1		24		3	

重複を許さず順序を区別する選択（順列）

選択	a	b	c	d	e	f
$aced$	1		2	4	3	

重複を許さず順序を区別しない選択（組合せ）

選択	a	b	c	d	e	f
$aced$	o		o	o	o	

重複を許し順序を区別しない選択

選択	a	b	c	d	e	f
$acec$	o		oo		o	

図 19 4 個の玉を 6 個の箱に配分する 4 通りの方法

数は，n^k 通りである．

重複を許さず順序を区別する選択(順列)：どの箱にもたかだか1個の玉しか入れられないならば，k 個の玉を n 個の箱に配分する場合の数は，$P(n,k)=n!/(n-k)!$ 通りである．

重複を許さず順序を区別しない選択(組合せ)：どの箱にもたかだか1個の玉しか入れられないならば，k 個の区別できない玉を n 個の箱に配分する場合の数は，$C(n,k)=n!/(k!\,(n-k)!)$ 通りである．

重複を許し順序を区別しない選択を数えるために，それぞれの箱に複数の玉を入れることを許して，k 個の区別できない玉を n 個の箱に配分する．$n=6$，$k=4$ ならば，図19に示したように，4個の玉をそれぞれ o で表し，箱の間の5個の仕切りを | で表すと，o||oo||o| のような表現になり，これは二進語 011001101 とみなすことができる．すると，問題は，(0と1の合計) 9か所の位置の中から(0の) 4か所を選ぶという問題になる．そして，この選び方は $C(9,4)=126$ 通りある．一般的には，k 個の区別できない玉を n 個の箱に配分する場合の数は，$n+k-1$ の対象(0と1の位置)の中から k 個の対象(0の位置)を選ぶ場合の数であり，それは

$$C(n+k-1,k) = \frac{(n+k-1)!}{k!\,(n-1)!}$$

通りある．

これは要約すると，次の規則になる．

重複を許し順序を区別しない選択：n 個の対象からなる集合の中から k 個を選ぶとき，選択の順序を区別せず，重複を許す

ならば，とりうる選択の数は $C(n+k-1, k)$ である．

これで4種類の選択問題がすべて出揃った．それでは，この章の冒頭で述べた，スペードのジャック，クイーン，キング，エースから2枚を選ぶ場合の数は何通りかという問題に戻ろう．

2枚のカードを順に選んで，2枚目のカードを選ぶ前に1枚目のカードを戻すならば，その場合の数は $4^2=16$ 通りである．

カードを選ぶ順序は区別するが，2枚目のカードを選ぶ前に1枚目のカードを戻さないならば，その場合の数は $P(4,2)=4!/2!=12$ 通りである．

カードを選ぶ順序は区別せず，2枚目のカードを選ぶ前に1枚目のカードを戻さないならば，その場合の数は $C(4,2)=4!/(2!\,2!)=6$ 通りである．

カードを選ぶ順序は区別せず，2枚目のカードを選ぶ前に1枚目のカードを戻すならば，その場合の数は $C(4+2-1,2)=5!/(2!\,3!)=10$ 通りである．

これらは，この章の冒頭での答えと一致する．

宝くじ

英国国営宝くじで生じる結果で，この章を締めくくろう．国営宝くじは，長年にわたり，49個の番号がつけられた玉の中から6個を選ぶというものである．特賞を獲得するためには，6個の当たり番号すべてを当てなければならない．6個の数を選ぶ場合の数は $C(49,6)=13{,}983{,}816$ 通りなので，当選する確率はほぼ1400万分の1である．

もう少し当たりやすいのは，ちょうど3個の当たり番号を選ぶことで得られる少額賞金である．3個の当たり番号を選ぶ場合の数は $C(6,3)$ 通りで，3個の外れ番号を選ぶ場合の数は $C(43,3)$ 通りなので，このような賞金をもらえる確率は $C(6,3)\times C(43,3)/C(49,6)$，すなわち，約57分の1である．

ここで，次のような違った種類の問題を考えてみよう．

どのくらいの頻度で当たり番号は連続する数になるだろうか．

これに答えるために，$L(n,k)$ を集合 $\{1,2,...,n\}$ からどの2個も連続しないように k 個の数を選ぶ場合の数としよう．たとえば，$n=5$，$k=2$ の場合には，1と3，1と4，1と5，2と4，2と5，3と5という選び方に対応して，$L(5,2)=6$ である．

このとき，k 個の数からなる $\{1,2,...,n\}$ の部分集合で連続する2数を含まないものには次の2種類がある．

- n を含まないようなもの：これらは，$\{1,2,...,n-1\}$ の中の k 個の数からなり，連続する2数を含まない．
- n を含むもの：これらは，（n と隣り合う）$n-1$ を含むことはできないので，n と $\{1,2,...,n-2\}$ の中の $k-1$ 個の数からなり，連続する2数を含まない．

それぞれの種類の部分集合の個数を合計すると，

$$L(n,k) = L(n-1,k)+L(n-2,k-1)$$

であることが分かる．ここから，$L(n,k)=C(n+k-1,k)$ となることが示せる．たとえば $L(5,2)=C(4,2)=6$ となり，これまでに計算した結果と一致する．これを確かめるには，$L(n,0)=C(n,0)$, $L(n,1)=C(n,1)$ と，組合せ規則 2 によって

$$\begin{aligned}
&L(n-1,k)+L(n-2,k-1)\\
&\quad = C((n-1)-k+1,k)+C((n-2)-(k-1)+1,k-1)\\
&\quad = C(n-k,k)+C(n-k,k-1) = C(n-k+1,k)\\
&\quad = L(n,k)
\end{aligned}$$

となることに気づけばよい．

すると，どの当たり番号も連続することがない確率は

$$\begin{aligned}
\frac{L(49,6)}{C(49,6)} &= \frac{C(49-6+1,6)}{C(49,6)}\\
&= \frac{C(44,6)}{C(49,6)}
\end{aligned}$$

となり，どの当たり番号も 44 を超えないような確率と一致する．この確率は，

$$\frac{44\times43\times42\times41\times40\times39}{49\times48\times47\times46\times45\times44} = \frac{22919}{45402} = 0.505\cdots$$

であり，したがって，少なくとも **2** 個の当たり番号が連続する確率は，

$$1-0.505\cdots = 0.495\cdots$$

になる．

すなわち，起こりうる場合のほぼ半分で，2 個の当たり番号が連続する．多くの人にとって，これは意外だろう．

4　組合せ論あれこれ

この章では，鳩の巣原理，包除原理，乱列問題から，ハノイの塔，フィボナッチ数，結婚定理，生成多項式と数え上げ多項式，チェス盤の数え上げに至るまで，組合せ論に関するさまざまな話題を紹介する．

鳩の巣原理

ロンドンっ子の少なくとも 33 人は，髪の毛の本数が同じである．

どうすれば，全員の髪の毛の本数を数えることなしに，このように断言できるのだろうか．もう少し単純な例から始めよう．

8 個以上のものを 7 個の箱にどのように入れたとしても，箱のどれかに 2 個以上のものが入っているのはあきらかである．このことから，1 週間の曜日を箱とみなすと，

8 人以上のどのような集まりでも，その中の少なくとも 2 人の誕生日は同じ曜日である．

同様にして，12 か月を箱とみなすと，次のことが分かる．

> 13 人以上のどのような集まりでも，その中の少なくとも 2 人の誕生日は同じ月である．

これらは，一般に特定の解を構成することなく存在を示す結果である．これらは，**鳩の巣原理**，あるいは，19 世紀のドイツの数学者ルジューヌ・ディリクレの名を冠した**ディリクレの箱入れ原理**として知られる次のような単純な結果の特別な場合である．

> **鳩の巣原理**：n 個より多くのものを n 個の箱に入れると，ある箱には 2 個以上のものが入らなければならない．

この結果の役に立つ一般化として，次の**拡張鳩の巣原理**がある．

> **拡張鳩の巣原理**：kn 個より多くのものを n 個の箱に入れると，ある箱には k 個より多くのものが入らなければならない．

なぜなら，n 個の箱それぞれに k 個以下しか入っていなければ，箱に入っているものの総数はたかだか kn 個になるが，これは起こりえないからである．

$n=7$, $k=2$ とすると，15 人以上のどのような集まりでも，その中の少なくとも 3 人の誕生日は同じ曜日でなければならないし，$n=12$, $k=3$ とすると，37 人以上のどのような集まりでも，その中の少なくとも 4 人の誕生日は同じ月でなければならない．

ロンドンの人口が 800 万人以上で，それぞれの人たちの髪の毛は多くても 25 万本であると仮定する．このとき，拡張鳩の巣原理において $n=250,000$, $k=32$（したがって，$kn=800$ 万）とすると，ロンドンっ子の少なくとも 33 人は髪の毛が同じ本数でなければならない.

包除原理

22 人の生徒のうち, 10 人はオーストリアを訪れたことがあり, 11 人はベルギーを訪れたことがあり, 4 人はその両方を訪れたことがある. それでは, この 2 国の少なくとも一方を訪れたことのある生徒は何人か. また, この 2 国のどちらも訪れたことのない生徒は何人か.

和の法則(第 2 章)によって, A と B を共通する元のない集合とすると, A か B に属する元の総数は, A の元の個数に B の元の個数を足したものになる. しかし, A と B に共通する元があったとしたら, どうなるだろうか. それは, 共通する元がないときと同じように, 単純に A の元の個数に B の元の個数を足し, そこからそれらに共通する元の個数を引けばよい. なぜなら, それらに共通する元を二重に数えているからである. この考え方の根底には, 数え過ぎや数え落としを取り除く**包除原理**がある.

ここで, 集合 S の元の個数を $|S|$, A または B (またはその両方) に属する元の集合を $A \cup B$ (「A と B の和集合」), A と B の両方に属する元の集合を $A \cap B$ (「A と B の共通集合」) と表記しよう. すると, 前述の結果は

$$|A \cup B| = |A| + |B| - |A \cap B|$$

と表すことができる.

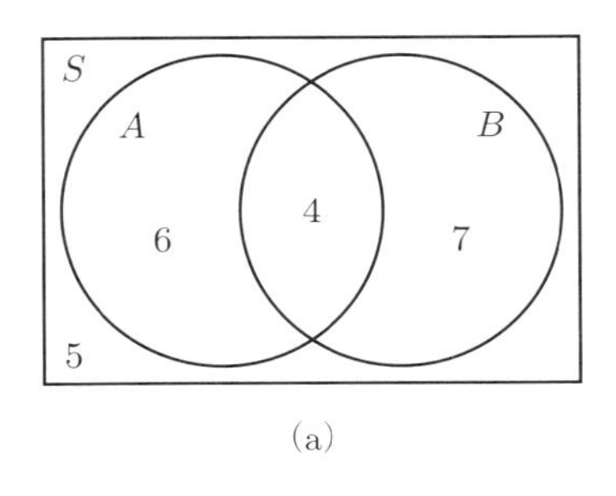

(a)

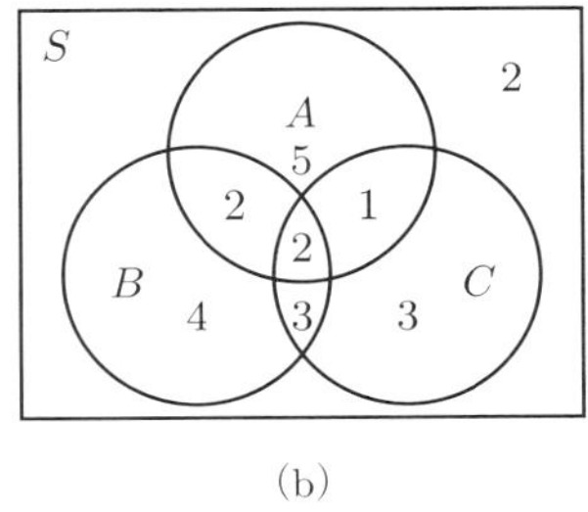

(b)

図 20　2 個の集合および 3 個の集合の包除原理

この状況を図 20 (a)に示す．この図は，19 世紀のケンブリッジ大学の数学者ジョン・ベンにちなんでベン図と呼ばれることもある．S を生徒の集合，A をオーストリアを訪れたことのある生徒の部分集合，B をベルギーを訪れたことのある生徒の部分集合とすると，$|S|=22$, $|A|=10$, $|B|=11$ であり，$|A\cap B|=4$ となる．これから，オーストリアかベルギーの少なくとも一方を訪れたことのある生徒の数は $|A\cup B|=10+11-4=17$ であり，このどちらも訪れたことのない生徒の数は $|S|-|A\cup B|=22-17=5$ である．

この考え方を 3 個の集合に拡張すると，次のようになる．

さらに，この生徒のうち，9 人はクロアチアを訪れたことがあり，3 人はオーストリアとクロアチアの両方を訪れたことがあり，5 人はベルギーとクロアチアの両方を訪れたことがあり，2 人はこの 3 国すべてを訪れたことがあると仮定しよう．このとき，この 3 国の少なくとも一つを訪れたことのある生徒は何人か．また，この 3 国のどれも訪れたことのない生徒は何人か．

A, B, C を集合とするとき，$|A \cup B \cup C|$ を表す式を求めたい．そのためには，まず，A, B, C それぞれの元の個数を足し合わせる．そして，そこから，$A \cap B$，$A \cap C$，$B \cap C$ それぞれの元の個数を引く．なぜなら，これらの元は 2 回ずつ数えられているからである．しかし，$A \cap B \cap C$ の元の個数を加えなければならない．なぜなら，この集合の元は 3 回ずつ数えられているが，3 回ずつ引き算されているからである(図 20 (b))．これで，

$$|A \cup B \cup C| = (|A|+|B|+|C|)-(|A \cap B|+|A \cap C|+|B \cap C|) \\ +|A \cap B \cap C|$$

が得られた．すなわち，まず集合を 1 個ずつ加えていき，次に 2 個ずつ合わせたものを取り除き，そして，3 個ずつ合わせたものをもう一度加える．

前述の例では，$|C|=9$, $|A \cap C|=3$, $|B \cap C|=5$, $|A \cap B \cap C|=2$ なので，少なくとも一つの国を訪れたことのある生徒の数は

$$|A \cup B \cup C| = (10+11+9)-(4+3+5)+2 = 20$$

であり，S をすべての生徒の集合とすると，この 3 国のいずれも訪れたことのない生徒の数は

$$|S|-|A \cup B \cup C| = 22-20 = 2$$

である．包除原理は，次の例に示すように数論でも使われる．

> 1 から 300 までの整数のうち，2 でも 3 でも 5 でも割り切れない数は何個あるか．

この場合には，$S=\{1,2,...,300\}$ であり，A，B，C をそれぞれ 2, 3, 5 の倍数の集合とする．すると，

$$\begin{aligned}&|S|=300,\quad |A|=\frac{300}{2}=150,\quad |B|=\frac{300}{3}=100,\\&|C|=\frac{300}{5}=60,\\&|A\cap B|=\frac{300}{6}=50,\quad |A\cap C|=\frac{300}{10}=30,\\&|B\cap C|=\frac{300}{15}=20,\quad |A\cap B\cap C|=\frac{300}{30}=10\end{aligned}$$

であり，答えは

$$\begin{aligned}|S|-|A\cup B\cup C|&=300-(150+100+60)+(50+30+20)-10\\&=80\end{aligned}$$

となる．

包除原理は，もっと多くの集合がある場合にも拡張することができる．たとえば，集合 S の元で，与えられた 4 個の部分集合 A, B, C, D のいずれにも現れないものの個数を求めるには，$|S|$ からそれぞれの部分集合の元の個数を引き，それに 2 個の部分集合に属する元の個数を加え，3 個の部分集合に属する元の個数を引き，4 個の部分集合に属する元の個数を足せばよい．その結果は，次のようになる．

$$\begin{aligned}&|S|-(|A|+|B|+|C|+|D|)\\&\quad+(|A\cap B|+|A\cap C|+|A\cap D|+|B\cap C|+|B\cap D|+|C\cap D|)\\&\quad-(|A\cap B\cap C|+|A\cap B\cap D|+|A\cap C\cap D|+|B\cap C\cap D|)\\&\quad+|A\cap B\cap C\cap D|\end{aligned}$$

この結果は，次節で使う．

乱列

包除原理は，ピエール・レモン・ド・モンモールによる 1713 年の『確率ゲームの解析』にある乱列問題にも応用できる．

> 1, 2, …, n を，どの数ももとの位置にないように並べる場合の数は何通りあるか．

そのような並べ方は乱列(攪乱順列)として知られている．たとえば，1, 2, 3, 4 を並べる $4!=24$ 通りのうち，次の 9 通りだけが乱列である．

$$2143, 2341, 2413, 3142, 3412, 3421, 4123, 4312, 4321$$

乱列の問題は，次のような状況で現れる．

- いくつかの手紙を宛名の書かれた封筒に入れるとき，どの手紙も正しい封筒に収まることがない確率はどれだけか．
- 何人かの雇用者に新しい仕事を割り当てて，どの雇用者も前と同じ仕事にならないようにする場合の数は何通りあるか．
- 2 組のトランプから同時に 1 枚ずつ表返して，表返したカードがどれも同じにならない確率はどれだけか．

これらの問いに答えるために，D_n を n 個の数による乱列の総数とする．表 3 に，$n \leqq 8$ に対する n, $n!$, D_n と対応する確率 $D_n/n!$

表 3　乱列の総数

n	1	2	3	4	5	6	7	8
$n!$	1	2	6	24	120	720	5040	40320
D_n	0	1	2	9	44	265	1854	14833
$D_n/n!$	0	0.5	0.3333	0.375	0.3667	0.3681	0.3678	0.3679

の値を示す．n が大きくなるに従って，確率 $D_n/n!$ は，0.3679 に近い一定の値に近づいているように見える．しかし，その正確な値はいくつだろうか．

これに関わる考え方を具体的に示すために，$n=4$ としよう．S を数 1, 2, 3, 4 の 4! (=24) 通りの並べ方すべての集合とし，A を 1 の位置を変えない並べ方の集合，B を 2 の位置を変えない並べ方の集合，C を 3 の位置を変えない並べ方の集合，D を 4 の位置を変えない並べ方の集合とする．このとき，

この 4 個の集合(A など)は，それぞれ 1 個の要素を動かさず，残りの 3 個の要素を並べ替えるので，

$$|A| = |B| = |C| = |D| = 6$$

である．これらのうちの 2 個からなる 6 通りの共通集合($A \cap B$ など)は，それぞれ 2 個の要素を動かさず，残りの 2 個の要素を並べ替えるので，

$$|A \cap B| = |A \cap C| = |A \cap D| = |B \cap C| = |B \cap D| = |C \cap D| = 2$$

である．また，4 個のうちの 3 個からなる 4 通りの共通集合($A \cap B \cap C$ など)は，それぞれ 3 個の要素を動かさず，したが

って，4 個目の要素も動くことができないので，

$$|A\cap B\cap C| = |A\cap B\cap D| = |A\cap C\cap D| = |B\cap C\cap D| = 1$$

である．そして，4 個すべての共通集合 $A\cap B\cap C\cap D$ は，4 個の要素すべてを動かさないので，

$$|A\cap B\cap C\cap D| = 1$$

である．

前節の最後に示した 4 個の集合に対する包除原理を使うと，1, 2, 3, 4 による乱列の総数は，期待したとおり，

$$\begin{aligned}&24-(6+6+6+6)+(2+2+2+2+2+2)-(1+1+1+1)+1\\&\quad = 24-24+12-4+1 = 9\end{aligned}$$

になる．

n 個の要素の乱列では，k 個の数を動かさない $C(n,k)$ 通りの並べ方それぞれについて，残りの $n-k$ 個の並べ方は $(n-k)!$ 通りあるので，乱列の総数は

$$\begin{aligned}D_n &= |S|-C(n,1)(n-1)!+C(n,2)(n-2)!-C(n,3)(n-3)!\\&\quad +\cdots\pm C(n,n-1)1!\mp 1\end{aligned}$$

になる．しかし，任意の k に対して，$C(n,k)\times(n-k)!=n!/k!$ なので，

$$\begin{aligned}D_n &= n!-\frac{n!}{1!}+\frac{n!}{2!}-\frac{n!}{3!}+\cdots\pm\frac{n!}{n!}\\&= n!\left(1-\frac{1}{1!}+\frac{1}{2!}-\frac{1}{3!}+\cdots\pm\frac{1}{n!}\right)\end{aligned}$$

となる．この式は，n が大きい値になると計算するのが面倒だが，（e を自然対数の底とするときの）e^x のべき級数展開

$$e^x = 1 + \frac{x}{1!} + \frac{x^2}{2!} + \frac{x^3}{3!} + \frac{x^4}{4!} + \cdots$$

を用いると

$$e^{-1} = 1 - \frac{1}{1!} + \frac{1}{2!} - \frac{1}{3!} + \frac{1}{4!} - \cdots$$

が得られる．したがって，D_n は $n! \times e^{-1} = n!/e$ に非常に近い値になる．なぜなら，e^{-1} の分母にある階乗は，n が大きくなるにしたがって，急速に増大するからである．実際には，次のことが分かっている．

> n 個の記号の乱列の総数は，つねに $n!/e$ にもっとも近い整数になる．

たとえば，$n=8$ の場合には，$D_n=14833$ であり，$n!/e=14832.9\cdots$ である．それゆえ，これに対応する，どの要素も位置を変えるような確率は，$1/e=0.367879\cdots$ に非常に近い値になる．

ハノイの塔

ハノイの塔またはブラフマの塔と呼ばれる，よく知られたお楽しみ問題では，組合せ論を使うと，この世の終焉までにどれほどの時間がかかるか分かる．それは，次のような感じの問題である．

> ベナレスの大寺院には，真鍮の板の上に立てられた 3 本の大

きなダイヤモンドの尖塔があり，そのうちの1本が64枚の金の円盤を貫いている．もっとも大きな円盤は真鍮の板の上にあり，その上に残りの円盤が大きさの順に重ねられていて，もっとも小さい円盤が一番上にある．寺院の僧侶は，どの時点においてもどの円盤もそれよりも小さな円盤の上に載せないようにしながら，これらの円盤を1枚ずつほかの尖塔に移さなければならない．彼らの目的は，積み重なった円盤全体をほかの尖塔に移すことであり，それが完了した時にこの世は終わる．そうなるまでに，円盤を何回移動させる必要があるだろうか．

もっと簡単な例として，円盤が1枚，2枚，3枚の場合を考えてみよう．円盤が1枚の場合には，その円盤を1手でほかの尖塔に移せる．円盤が2枚の場合には，3手が必要になる．すなわち，小さい円盤を尖塔3に移し，大きい円盤を尖塔2に移し，そして，最後に小さい円盤を尖塔2に移す．円盤が3枚の場合には，7手が必要になる(図21)．したがって，$H(n)$ を n 枚の円盤を移すために必要な手数とすると，$H(1)=1$, $H(2)=3$, $H(3)=7$ である．

$H(n)$ の再帰的関係は，次のようにして得られる．$H(n-1)$ 手によって上から $n-1$ 枚の円盤を尖塔3に移し，1手でもっとも大きい円盤を尖塔2に移し，それから，さらに $H(n-1)$ 手で尖塔3にある円盤を尖塔2に移す．したがって，

$$H(n) = 2H(n-1)+1$$

となる．

この式を使うと

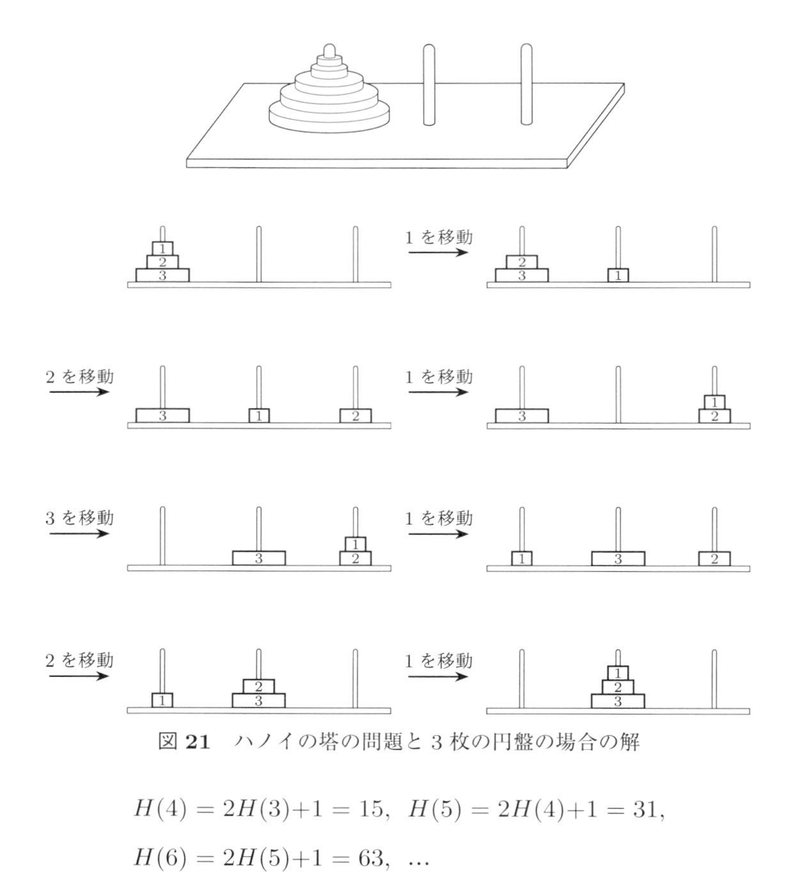

図 **21**　ハノイの塔の問題と 3 枚の円盤の場合の解

$$H(4) = 2H(3)+1 = 15,\ \ H(5) = 2H(4)+1 = 31,$$

$$H(6) = 2H(5)+1 = 63,\ \ \ldots$$

のように計算することができる．この値はそれぞれ 2 のべき乗から 1 を引いたものであり，一般に $H(n)=2^n-1$ となっている．1 手に 1 秒かかるとすると，64 枚の円盤を移す仕事には $H(64)=2^{64}-1$ 秒かかる．したがって，この世の終焉までに，約 5850 億年の時を経ることになる．

韻律，敷石，ウサギ

インドの詩人や演奏家は，古来韻律に関心があり，長音節(2 拍，ここでは — と表記する)と短音節(1 拍，◡ と表記する)を区別してきた．演奏家は，これらを 2 分音符と 4 分音符とみなすことができる．12 世紀の詩人で演奏家でもあるヘーマチャンドラは，次の問いに答えを与えた．

> 与えられた拍数の韻律は何通りあるか．

たとえば，4 拍の韻律には次の 5 通りがある．

> ——，—◡◡，◡—◡，◡◡—，◡◡◡◡

次の問題も同じように考えることができる．

> 2×1 の矩形状の敷石を横向きに 2 個置くか，縦向きに置いて長さ n の歩道を敷き詰める方法は何通りあるか．

(前述の 4 拍に対応する)長さ 4 の敷き詰め方 5 通りと長さ 8 の敷き詰め方 2 通りを図 22 に示す．しかし，長さ 8 の敷き詰め方は全部で何通りあるのだろうか．

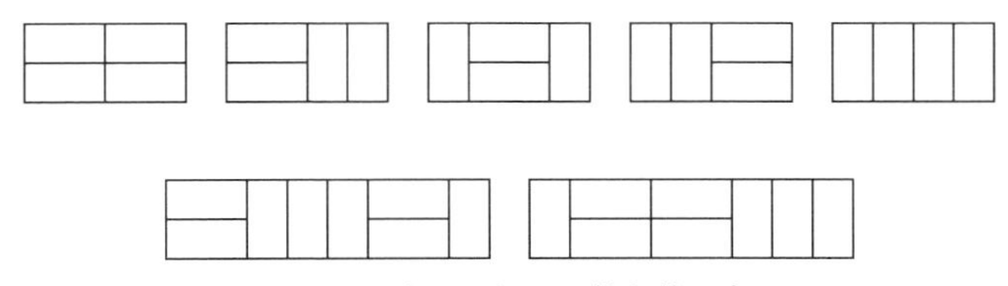

図 22　長さ 4 と 8 の敷き詰め方

$P(n)$ を n 拍の相異なる韻律の数(あるいは，長さ n の敷き詰め方の数)とする．$P(1)=1$，$P(2)=2$，$P(3)=3$ であることは簡単に確かめられるし，$P(4)=5$ であることも分かっている．

$P(n)$ を求めるために，韻律の最後の部分を調べる．それは，◡か—でなければならない．前者の場合，n 拍の韻律はそれぞれ $P(n-1)$ 通りの $n-1$ 拍の韻律の一つに短音節を加えて得られる．後者の場合，n 拍の韻律はそれぞれ $P(n-2)$ 通りの $n-2$ 拍の韻律の一つに長音節を加えて得られる．このことから，韻律の総数は，次の等式を満たす．

$$P(n) = P(n-1)+P(n-2)$$

この再帰的関係を使うと，$P(n)$ の値を順次計算することができる．

$$P(5) = P(4)+P(3) = 5+3 = 8,$$
$$P(6) = P(5)+P(4) = 8+5 = 13,$$
$$P(7) = P(6)+P(5) = 13+8 = 21,$$
$$P(8) = P(7)+P(6) = 21+13 = 34$$

したがって，8 拍の韻律は 34 通りあり，8 個の敷石を使うと 34 通りの敷き詰め方がある．

それぞれの項が直前の 2 項の和になっている数列

$$1, 1, 2, 3, 5, 8, 13, 21, 34, 55, 89, 144, \ldots$$

は，東洋ではヘーマチャンドラ数とよばれ，西洋では 1202 年の『算盤の書』で次のようなウサギの繁殖に関する問題と結びつけてこの数列を論じたピサのレオナルド(フィボナッチ)にちなんでフィボナッチ数として知られている.

フィボナッチの「ウサギ」の問題：毎月それぞれのつがいが新しいつがいを生み，その新しいつがいも2か月目から子ウサギを生むようになるならば，1年間に何対のウサギが生まれるか.

$F(n)$ を n 番目のフィボナッチ数とすると，$F(n)=P(n-1)$ になる．たとえば，$F(9)=P(8)=34$ である．したがって，フィボナッチ数についても同じように再帰的関係 $F(n)=F(n-1)+F(n-2)$ が成り立ち，ウサギの問題の答えは $F(12)=144$ になる.

n 番目のフィボナッチ数を求める公式がある．$\tau=(1+\sqrt{5})/2=1.618\cdots$，$\sigma=(1-\sqrt{5})/2=-0.618\cdots$ とすると，$F(n)=(\tau^n-\sigma^n)/\sqrt{5}$ となる．この値は，そう見えないかもしれないが，つねに整数になる．n 番目のフィボナッチ数は $P(n)=F(n+1)=(\tau^{n+1}-\sigma^{n+1})/\sqrt{5}$ で与えられる.

最後に，パスカルの三角形にもフィボナッチ数を見出すことができる．図23に示した斜線に沿って和をとるだけでフィボナッチ数になるのである.

仕事の割り当てと結婚

第2章で，次のような仕事の割り当て問題を紹介した.

仕事の割り当て問題：何人かの求職者がそれぞれのもつさまざ

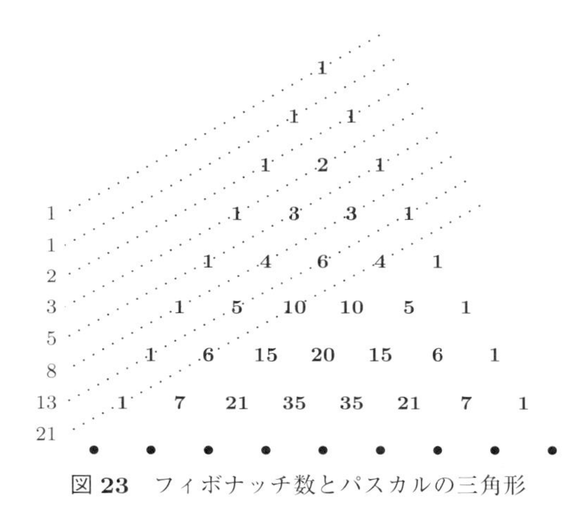

図 **23**　フィボナッチ数とパスカルの三角形

まな資格に合った仕事に応募する．それぞれの資格に合った仕事をすべての求職者に割り当てるためには，どのような条件が成り立てばよいか．

この問題は，結婚という状況を用いて次のように提示されることも多い．

結婚問題：何人かの女性がいて，それぞれ何人かの男性を知っている．すべての女性が彼女の知っている男性の１人と結婚できるには，どのような条件が成り立てばよいか．

たとえば，女性をアマンダ，ベティ，キャリー，デビーとし，男性をアーサー，ボブ，チャーリー，デビッド，エドワードとして，

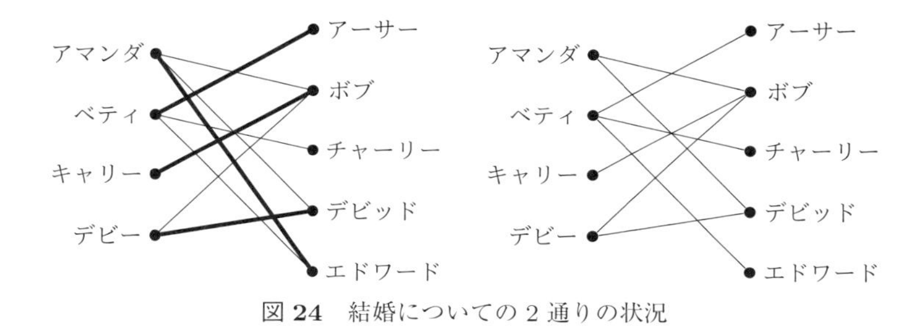

図 24 結婚についての 2 通りの状況

> アマンダはボブ，デビッド，エドワードを知っている．ベティはアーサー，チャーリー，エドワードを知っている．キャリーはボブだけを知っている．デビーはボブとデビッドを知っている．

この場合，一つの解は，アマンダとエドワード，ベティとアーサー，キャリーとボブ，デビーとデビッドが結婚するというものだ．しかし，アマンダがエドワードと仲違いしているならば，アマンダ，キャリー，デビーの 3 人は，ボブとデビッドだけしか相手になりえないので，女性全員の結婚は成立しない．この 2 通りの状況を図 24 に示す．

女性全員の結婚が成立するには，それぞれの女性は少なくとも 1 人の男性を知っていなければならず，どの 2 人の女性の知っている男性を合わせても少なくとも 2 人にならなければならず，一般に，k のすべての値に対して，どの k 人の女性の知っている男性を合わせても少なくとも k 人にならなければならない．1935 年に英国の数学者フィリップ・ホールはこの必要条件が十分条件でもあることを示した．

結婚定理：結婚問題は，k のすべての値に対してどの k 人の女性の知っている男性を集めても少なくとも k 人になるとき，そしてそのときに限り，解がある．

仕事の割り当て問題に対しても，次の結果が分かっている．

仕事の割り当て定理：仕事の割り当て問題は，k のすべての値に対してどの k 人の求職者を集めても少なくとも k 種類の仕事を行う資格があるとき，そしてそのときに限り，解がある．

ホールの定理をもっと形式的に書くと便利である．$E=\{1,2,\ldots,n\}$ を n 人の女性の集合とし，S_1，S_2，…，S_n はそれぞれの女性が知っている男性の集合(たとえば，S_2 はアーサー，チャーリー，エドワードからなる集合)とする．結婚問題の解に対応して，集合の族 $F=(S_1,S_2,\ldots,S_n)$ の**横断集合**とは，それぞれの集合から一つずつ選んだ n 個の相異なる元からなる集合である．たとえば，$E=\{1,2,3,4\}$ で，F が 4 個の集合 $S_1=\{2,4,5\}$，$S_2=\{1,3,5\}$，$S_3=\{2\}$，$S_4=\{2,4\}$ からなるとき，アーサーを 1，ボブを 2 のようにすると，前述の解に対応する横断集合は(S_1 から選んだ) 5，(S_2 から選んだ) 1，(S_3 から選んだ) 2，(S_4 から選んだ) 4 となる．これで，ホールの定理は次のように述べることができる．

ホールの定理：E を集合とし，$F=(S_1,S_2,\ldots,S_n)$ を E の部分集合の族とする．このとき，F に含まれる集合が横断集合をもつのは，それぞれの k に対して，任意の k 個の集合 S_i の和集合が少なくとも k 個の相異なる元を含むとき，そしてそのときに限る.

ホールの定理を証明するために，結婚問題の設定に立ち戻って，k のすべての値に対してどの k 人の女性の知っている男性を集めても少なくとも k 人になるという「結婚条件」を仮定しよう．女性が $\boldsymbol{n}$ 人よりも少ない場合にはつねにこの定理が真であると仮定して，女性が $\boldsymbol{n}$ 人の場合にもつねにこの定理が真でなければならないことを示す．すると，女性が1人だけの場合にはあきらかにこの定理は真なので，女性が2人の場合にも真でなければならず，そうすると女性が3人の場合も真，4人の場合も真というように続く．それゆえ，証明したかったように，女性が何人の場合でもこの定理は真になる．(これは帰納法による証明と呼ばれる.)

それでは，n 人の女性がいると仮定しよう．このとき，考えられるのは次の二つの場合である.

(i) どの k 人の女性($k<n$)の知っている男性を集めても少なくとも $k+1$ 人になり，「1人の男性をよけておいても」結婚条件がつねに成り立つならば，どの女性でもかまわないので1人選び，その女性と彼女の知っている任意の男性を結婚させればよい．すると，残りの $n-1$ 人の女性に対しても結婚条件は真なので，(仮定によって)その $n-1$ 人の女性全員がそれぞれの知っている男性と結婚できる．したがって，n 人の女性全員がそれぞれの知っている男性と結婚できる.

(ii) k 人($k<n$)の女性の集合で，彼女たちの知っている男性を集めるとちょうど k 人になるならば，(仮定によって)この k 人の女性は，彼女らの知っている k 人の男性と結婚するこ

とができるが，まだ残りの $n-k$ 人の女性を結婚させなければならない．しかし，この $n-k$ 人の女性のうちのどの h 人($h \leqq n-k$)が知っている男性を集めても，少なくとも h 人のまだ結婚相手の決まっていない男性になる．なぜなら，そうでなければ，このような h 人の女性と，すでに結婚相手の決まっている k 人の女性を合わせると，彼女らの知っている男性を集めても $h+k$ 人より少なくなってしまい，これは結婚条件に反するからである．したがって，この $n-k$ 人の女性にも結婚条件が当てはまり，(仮定によって)彼女らも結婚できる．したがって，n 人の女性全員がそれぞれの知っている男性と結婚できる．

このようにして，いずれの場合も，証明したかったように，n 人の女性全員がそれぞれの知っている男性と結婚できる．

第 7 章では，ホールの定理を使ってラテン方陣を構成する．

生成多項式と数え上げ多項式

積 $(1+a)\times(1+b)\times(1+c)$ を展開すると

$$(1+a)\times(1+b)\times(1+c) = 1+a+b+c+ab+ac+bc+abc$$

となる．ここで，右辺のそれぞれの項は，項 ab が部分集合 $\{a,b\}$ に対応し，項 1 が空集合 $\varnothing$ に対応するというように，集合 $\{a,b,c\}$ の部分集合を想起させる．さらに，式 $a+b+c$, $ab+ac+bc$, abc は，それぞれ集合 $\{a,b,c\}$ から選んだ 1 個，2 個，3 個の元の組合せになっている．同様の式によって，任意の集合から選んだ元の組合せが得られる．このような積は，集合の部分集合の**生成多項式**，あるいは，重複を許さない組合せの**生成多項式**と呼ばれることもある．

重複を許す組合せを生成したいのであれば，もっと多くの項の積を考えなければならない．たとえば，文字 a, b, c がそれぞれ 2 回まで現れるような組合せを求めたいのならば，

$$\begin{aligned}&(1+a+a^2)\times(1+b+b^2)\times(1+c+c^2)\\&\quad= 1+(a+b+c)+(a^2+b^2+c^2+ab+ac+bc)\\&\qquad+(abc+a^2b+a^2c+ab^2+ac^2+b^2c+bc^2)\\&\qquad+(a^2b^2+a^2bc+\cdots)+\cdots\end{aligned}$$

と書けばよい．ここで，ac^2 のような組合せは，$(1+a+a^2)$ の a に，$(1+b+b^2)$ の 1 と $(1+c+c^2)$ の c^2 を掛け合わせることで生じる．そして 3 次の項が，abc や aab のような重複を許した 3 要素の組合せを与える．同様にして，a は 2 回まで現れることができ，b は 1 回か 2 回現れなければならず，c は 1 回か 3 回現れなければならないような組合せを生成したいのであれば，積 $(1+a+a^2)\times(b+b^2)\times(c+c^3)$ の展開を調べればよい．

このような組合せを生成する必要がなく，単にその個数を数えるだけであれば，3 種類の文字をすべて x のような単一の文字で置き換えればよく，**数え上げ多項式**と呼ばれる式が得られる．たとえば，前述の組合せを数えるには，次のような数え上げ多項式を書き下せばよい．

$$(1+x+x^2)\times(x+x^2)\times(x+x^3) = x^2+2x^3+3x^4+3x^5+2x^6+x^7$$

このとき，それぞれの項の係数が組合せの数を与える．たとえ

ば，5文字の組合せは，積 $1\times x^2\times x^3$，$x\times x\times x^3$，$x^2\times x^2\times x$ によって生じる3種類である．これらは，それぞれ *bbccc*, *abccc*, *aabbc* という組合せに対応する．

スクラブル

数え上げ多項式を用いるもっと複雑な例として，スクラブルというゲームを見てみよう．この単語を作るゲームは，1文字ずつ書かれた98枚のタイルと，2枚の空白タイルの合計100枚を使う．それぞれのプレーヤーが山から7枚のタイルを引いてゲームが始まる．このような7枚のタイルの引き方は何通りあるだろうか．

次の表は，それぞれの文字のタイルが何枚あるかを示している．これは通常の英文に現れる文字の頻度に従っている．

A	B	C	D	E	F	G	H	I	J	K	L	M	N	O	P	Q	R	S	T	U	V	W	X	Y	Z
9	2	2	4	12	2	3	2	9	1	1	4	2	6	8	2	1	6	4	6	4	2	2	1	2	1

これらの数え上げ多項式はどうなるだろうか．

1枚のタイルしかない文字(J, K, Q, X, Z)の数え上げ多項式は $1+x$ である．

2枚のタイルがある文字(B, C, F, H, M, P, V, W, Y, 空白)の数え上げ多項式は $1+x+x^2$ である．

Gは3枚のタイルがあるので，その数え上げ多項式は $1+x+x^2+x^3$ となる，というように続けて，AとIはそれぞれ9枚のタイルがあるので，その数え上げ多項式は

$$1+x+x^2+x^3+x^4+x^5+x^6+x^7+x^8+x^9$$

となる．Eは12枚のタイルがあるので，その数え上げ多項式は

$$1+x+x^2+x^3+x^4+x^5+x^6+x^7+x^8+x^9+x^{10}+x^{11}+x^{12}$$

になる．

したがって，このアルファベット全体の数え上げ多項式はこれらの積，すなわち，

$$\begin{aligned}&(1+x)^5\times(1+x+x^2)^{10}\times(1+x+x^2+x^3)\times\cdots\\&\quad\times(1+x+x^2+x^3+x^4+x^5+x^6+x^7+x^8+x^9)^2\\&\quad\times(1+x+x^2+x^3+x^4+x^5+x^6+x^7+x^8+x^9+x^{10}+x^{11}+x^{12})\end{aligned}$$

である．これを展開すると，

$$\begin{aligned}&1+27x+373x^2+3509x^3+25254x^4+148150x^5+737311x^6\\&\quad+\underline{3199724}x^7+\cdots\end{aligned}$$

になる．したがって，山から7枚のタイルを引く場合の数は3,199,724通りである．

チェス盤を数える

いくつかの組合せ論の話題を駆け足で眺めたが，最後は対称性が関係する数え上げの問題で締めくくろう．

> 8×8のチェス盤のマスを黒と白で塗り分ける場合の数は何通りあるか．

(ここでは，白黒の市松模様に塗り分けることや，それぞれの色の

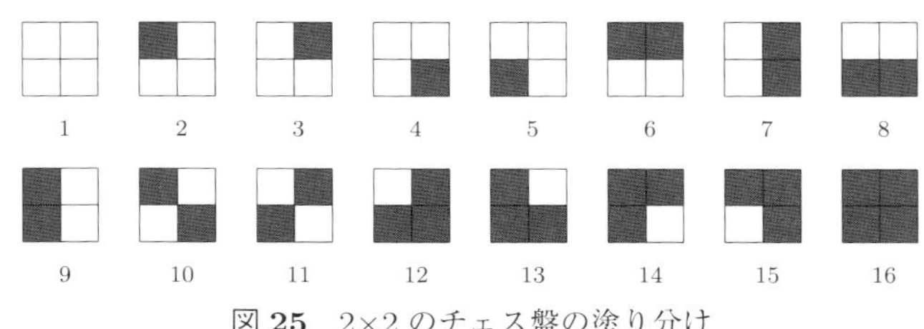

図 25　2×2 のチェス盤の塗り分け

マスを均等に 32 個ずつにすることにはこだわらない.)

チェス盤には 64 個のマスがあり，それぞれのマスには 2 色の選択肢があるので，塗り分け方の総数は積の法則によって 2^{64} 通りである．しかし，ここでは，チェス盤を回転させて一方の塗り分け方がもう一方の塗り分け方になるならば，その二つの塗り分け方は同じとみなすと仮定しよう．このとき，本質的に異なる塗り分け方は何通りあるだろうか.

これに答えるためには，まず 2×2 のチェス盤を調べてみよう．このチェス盤の塗り分け方の総数は $2^4=16$ 通りある．その塗り分け方を図 25 に示す．しかし，塗り分け 2, 3, 4, 5 は，それぞれ回転によってほかの塗り分けから得られる．また，塗り分け 6, 7, 8, 9，塗り分け 10 と 11，塗り分け 12, 13, 14, 15 も同様である．それゆえ，本質的に異なる塗り分け方は 6 通りしかない．その 6 通りを具体的に示すならば，塗り分け 1, 2, 6, 10, 12, 16 である.

この結果を得る別の方法は，群論と呼ばれる代数の分野の結果を使うことである．群論の理論的な詳細に踏み込むことはしないが，起こりうるそれぞれの回転によって変わらない塗り分け方を数えると，次のようになる.

- **時計回りの 90° 回転**：このような回転で変わることのない塗り分け方は，すべて黒に塗るか(塗り分け 1)すべて白に塗るか(塗り分け 16)のいずれかであり，2 通りある．
- **時計回りの 270° 回転**：90° 回転の場合と同じように，この回転によって変わらない塗り分け方は 2 通りだけである．
- **時計回りの 180° 回転**：この場合には，対角に位置するマスが同じ色でなければならず，右上と左下のマスの塗り方は 2 通り，左上と右下のマスの塗り方は 2 通りあるので，この回転によって変わらない塗り分け方は 2^2 通りある．
- **時計回りの 360° 回転**：これは，マスをもとの位置から動かさないのと同じことなので，それぞれのマスの塗り方は 2 通りあり，この回転によって変わらない塗り分け方は全部で 2^4 通りある．

本質的に異なる塗り分け方の数は，これらの数を平均することで求められることが証明できる．これは，前と同じように $(2+2+2^2+2^4)/4=6$ 通りになる．

同じようなやり方によって，8×8 のチェス盤の本質的に異なる白と黒による塗り分け方の数を求めることができる．しかし，その数は非常に大きいので，その塗り分け方を具体的に列挙することはできない．

- **時計回りの 90° または 270° 回転**：この場合，左上の 16 個のマスそれぞれの塗り方を任意に選ぶことができ，それは盤の残りの 4 分の 3 で反復されなければならない．したがって，この回転によって変わらない塗り分け方は 2^{16} 通りある．

- **時計回りの 180° 回転**：この場合，盤の上半分の 32 個のマスそれぞれの塗り方を任意に選ぶことができ，それは盤の下半分で反復されなければならない．したがって，この回転によって変わらない塗り分け方は 2^{32} 通りある．
- **時計回りの 360° 回転**：これは，マスをもとの位置から動かさないのと同じことなので，それぞれのマスの塗り方は 2 通りあり，この回転によって変わらない塗り分け方は全部で 2^{64} 通りある．

本質的に異なる 8×8 のチェス盤の塗り分け方は，これらの数を平均することで求められ，

$$\frac{2^{16}+2^{16}+2^{32}+2^{64}}{4} = 4{,}611{,}686{,}019{,}501{,}162{,}496 \text{ 通り}$$

である．

このような対称性が関与する数え上げの問題は，長年にわたって大きな注目を集めてきた．それぞれの対称変換によって変わることのない塗り分け方の数の平均をとるというこの方法は，19 世紀の数学者フェルディナント・ゲオルク・フロベニウスによるものであるが，しばしば「バーンサイドの補題」と呼ばれる．この考え方は，のちに 1920 年代から 1930 年代にハワード・レッドフィールドとジョージ・ポリアが発展させ，そこで生まれた強力な結果はグラフや化学分子のようなある種の対称性をもつ幅広い対象を数えるために使われることになる．

5　敷き詰めと多面体

図 26 の幾何学的対象に関する次の問題を考えてみよう.

図 26 左の床の敷き詰めは，正 3 角形と正 6 角形で作られている．これらの多角形でほかの敷き詰めを作ることができるだろうか．このほかに，正多角形から作られる敷き詰めにどのようなものがあるだろうか．それらのうち，1 種類の多角形だけを使うものはどれだろうか.

図 26 右の多面体は，正 3 角形と正方形で作られている．これらの多角形でほかの多面体を作ることができるだろうか．このほかに，正多角形から作られる多面体にどのようなものがあるだろうか．それらのうち，1 種類の多角形だけを使うものはどれだろうか.

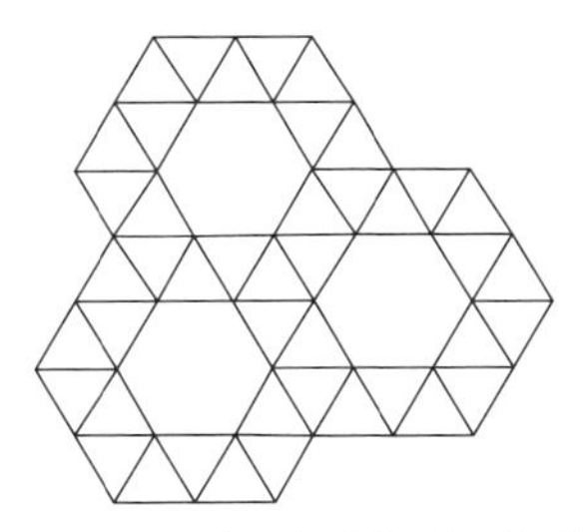
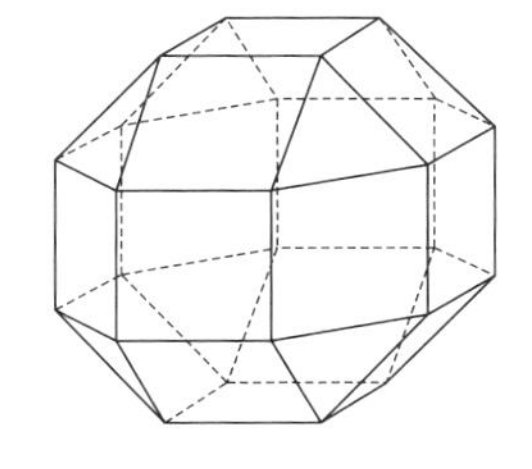

図 26　正 3 角形と正 6 角形による床の敷き詰めと，正 3 角形と正方形による多面体

この章では，このような敷き詰めや多面体を考える．そのような敷き詰めや多面体は何通りあるだろうか．そして，それらをどのように作り，分類することができるだろうか．

敷き詰め

平面の敷き詰め（タイル張りと呼ばれることもある）とは，どのタイルも重なることなく，どこにも隙間ができないようにして，平面全体をタイルによって覆うことである．よく知られた例として，図27のような，すべてのタイルが同じ大きさの正方形である**正方形の敷き詰め**がある．

これから考えるすべての敷き詰めは，それぞれのタイルの辺がそれと隣り合うタイルの辺とぴったり一致するという性質をもつ．簡単にするために，通常，タイルは**正多角形**，すなわち，すべての辺の長さは等しく，すべての内角の大きさも等しいものとする．よく見かけるこのようなものとして，正3角形，正方形，正5角形，正6角形，正8角形，正10角形，正12角形がある．それらが隙間なくぴったりと組み合わさるようにしたいので，正多角形の内角

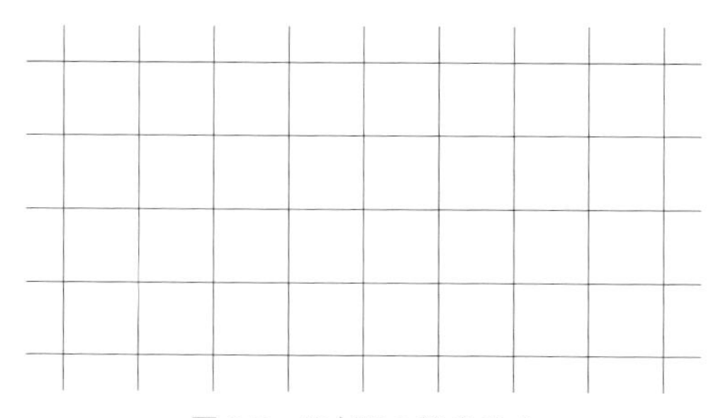

図27　正方形の敷き詰め

表 4 正多角形の内角の大きさ

正 3 角形	正方形	正 5 角形	正 6 角形	正 8 角形	正 10 角形	正 12 角形
60°	90°	108°	120°	135°	144°	150°

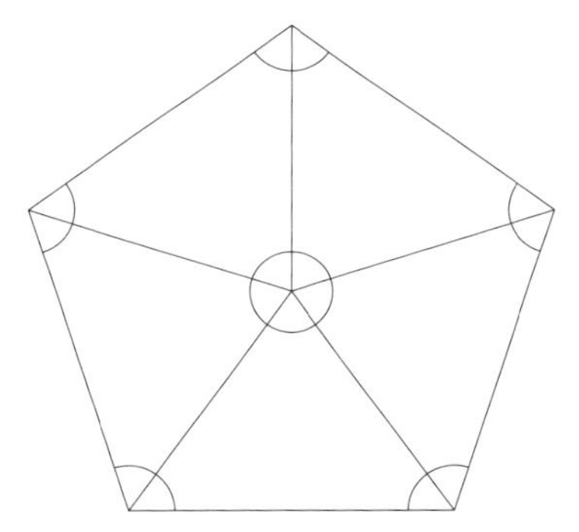

図 28 正 5 角形の内角の大きさを求める

(隣り合う 2 辺のなす角)の大きさを知っておく必要があるだろう．それらを表 4 に示す．

この内角の大きさを計算するために，多角形を 3 角形に分割する．その一例として，正 5 角形の場合を図 28 に示す．それぞれの 3 角形の内角の和は 180° であり，5 角形の中心に集まる 3 角形の角の和は 360° なので，5 角形の内角すべての和は

$$(5\times180^\circ)-360^\circ = 540^\circ$$

になる．

したがって，それぞれの内角の大きさは，表 4 にあるように，その 1/5 の 108° である．正 n 角形に対する内角の公式は

$$\{(n\times180^\circ)-360^\circ\}/n=(n-2)/n\times180^\circ$$

となり，表にあげた値が得られる．

最初の課題は，正則敷き詰めをすべて見つけることである．正則敷き詰めとは，正方形の敷き詰めのように，同じ種類の正多角形を使い，複数のタイルの角が集まるそれぞれの点において多角形が同じ配置になるような敷き詰めである．内角の大きさは，360° の約数にならなければならないので，可能な場合は正 3 角形(内角が 60°)，正方形(内角が 90°)，正 6 角形(内角が 120°)しかない．

- **正 3 角形の敷き詰め**は，タイルの角が集まるそれぞれの点において 6 個の正 3 角形が集まる．
- **正方形の敷き詰め**は，タイルの角が集まるそれぞれの点において 4 個の正方形が集まる．
- **正 6 角形の敷き詰め**は，タイルの角が集まるそれぞれの点において 3 個の正 6 角形が集まる．

正 3 角形の敷き詰めと正 6 角形の敷き詰めを，図 29 に示す．

西暦 300 年前後に，ギリシャの数学者アレキサンドリアのパッ

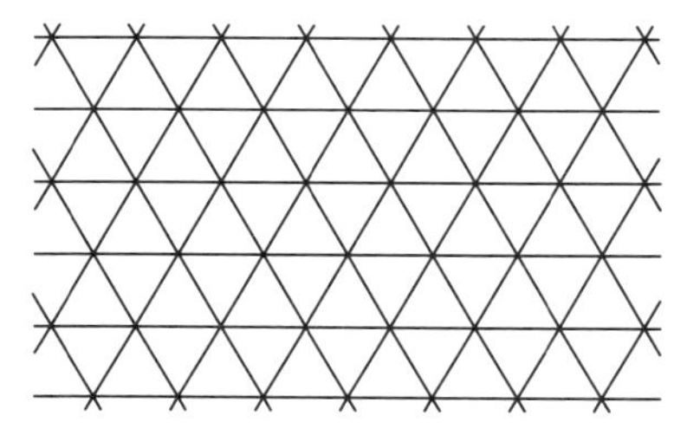
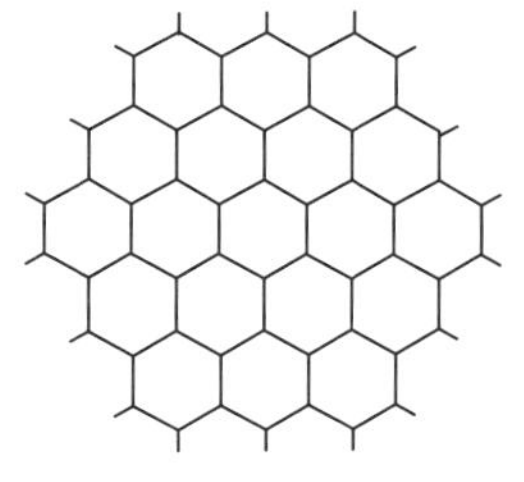

図 29　正 3 角形の敷き詰めと正 6 角形の敷き詰め

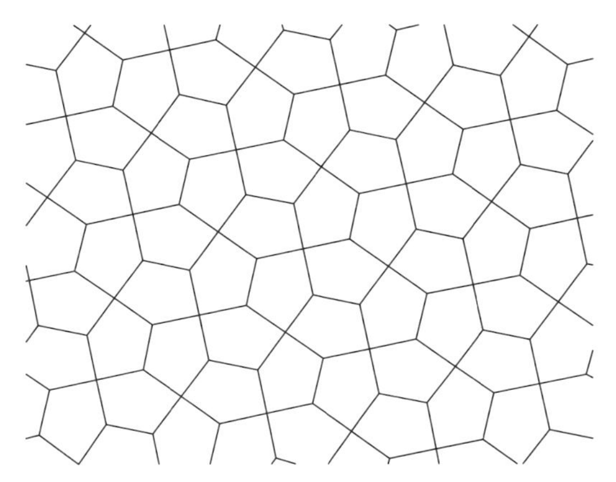

図 30　正多角形ではない 5 角形による敷き詰め

プスは，著書『蜂の知性について』において，この 3 種類の正則敷き詰めを示し，蜂の巣として正 6 角形の配置を選んだ蜂の幾何学的先見性を評価した．なぜなら，正 6 角形は，正 3 角形や正方形よりも多くのハチミツを蓄えることができるからである．

タイルとして正多角形以外の多角形を許すと，ほかの敷き詰めも可能になることに注意しよう．その一例として，正多角形ではない 5 角形による敷き詰めを図 30 に示す．

次に，複数のタイルの角が集まるそれぞれの点において多角形の配置が同じであることは要求するが，正多角形がすべて同じ種類でなければならないという条件を緩めてみよう．たとえば，図 26 では，複数のタイルの角が集まる点において，4 個の正 3 角形と 1 個の正 6 角形が集まっている．このような敷き詰めは**準正則敷き詰め**と呼ばれる．正方形と正 8 角形の準正則敷き詰めと，正方形，正 6 角形，正 12 角形の準正則敷き詰めを図 31 に示す．

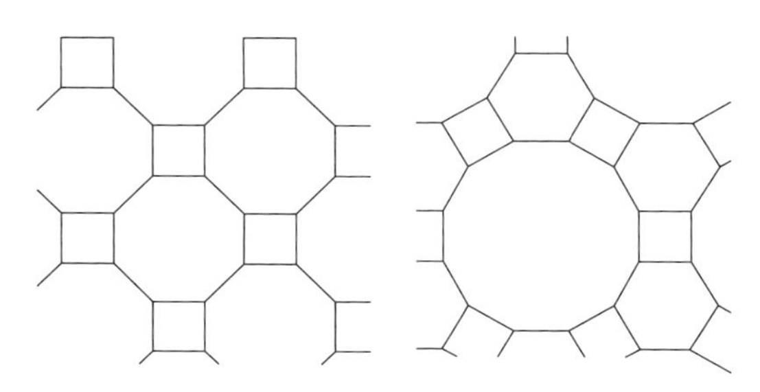

図 31　2 種類の準正則敷き詰め

複数のタイルの角が集まるそれぞれの点に現れる多角形の辺の数を列挙すると，このような敷き詰めを記述するのに便利である．たとえば，図 31 の敷き詰めは，（複数のタイルの角が集まる点には 1 個の正方形と 2 個の正 8 角形が現れる）4.8.8 および（正方形，正 6 角形，正 12 角形が現れる）4.6.12 という記号で表記される．時計回りに現れる順に多角形を列挙するので，3.3.4.3.4 と 3.3.3.4.4 は，いずれも複数のタイルの角が集まるそれぞれの点に 3 個の正 3 角形と 2 個の正方形が現れるが，異なる敷き詰めに対応する．

準正則敷き詰めは何種類あるか．

第 2 章で見たように，足し合わせると 360° になるような内角の組合せを見つけ出したい．そのような組合せは，2 個の正 5 角形と 1 個の正 6 角形（内角の和は 108°+108°+144°=360°）から，正方形，正 6 角形，正 12 角形（内角の和は 90°+120°+150°=360°）まで，18 種類ある．しかし，そのうちのあるものは，並べてみると，完全な敷き詰めになるようにうまく多角形を組み合わせられないことが分かる．

実際には，次の 8 種類の組合せだけが平面全体の敷き詰めを作り出す.

3.3.3.3.6, 3.3.3.4.4, 3.3.4.3.4, 3.4.6.4, 3.6.3.6, 3.12.12, 4.6.12, 4.8.8

この 8 種類の準正則敷き詰めを図 32 に示す.

また, 正多角形でない多角形を何種類か使うこともできる. その一例は, 正方形, 5 角形, 6 角形, 7 角形, 8 角形を使った図 33 (a)の目を引く敷き詰めである.

ここまでに述べた敷き詰めはすべて「周期的」, すなわち, どれだけ遠くにいっても同じパターンが繰り返される. 1970 年代に, ロジャー・ペンローズは, 無限に周期的にならない非正則敷き詰めをいくつか作り出した. 2 種類の菱形から作られるペンローズの敷き詰めの一部を図 33 (b)に示す. この 2 種類の菱形が平面全体を敷き詰めるが, それは周期的にはならない. このような敷き詰めは, ある種の結晶の中に生じる.

多面体

今度は, 3 次元に移り, **多面体**と呼ばれる平らな面で囲まれた立体を見てみよう. 多面体のうちで, おそらくもっとも馴染み深いのは(6 個の正方形の面をもつ)立方体と, 古代エジプトの(正方形の底面と 4 個の 3 角形の側面をもつ)ピラミッドだろう.

それでは, すべての面が同じ種類の正多角形で, それぞれの頂点(角)のまわりの多角形の配置が同じであるような, **正多面体**から始めよう. 図 34 に示したように, 5 種類の正多面体がある.

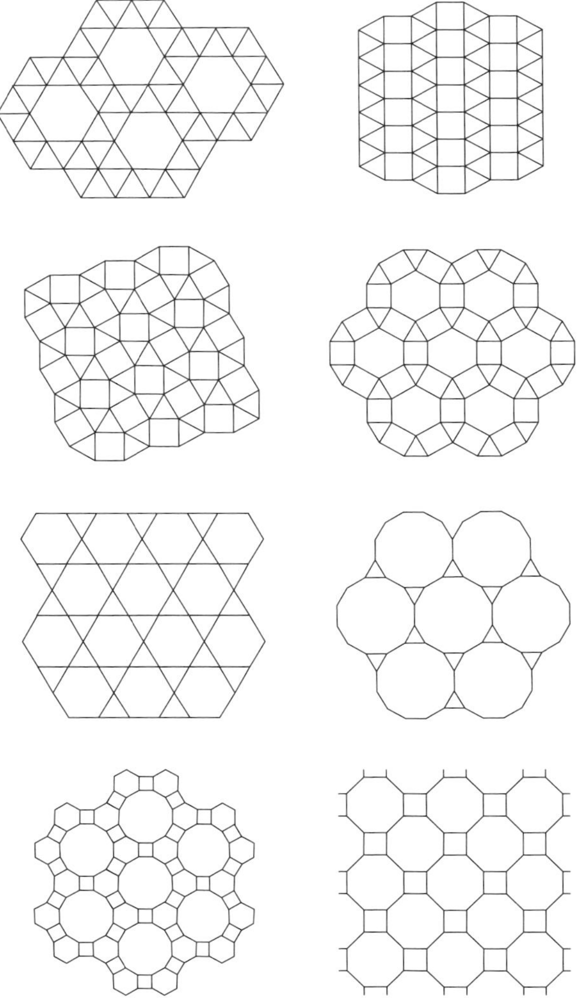

図 **32**　8 種類の準正則敷き詰め

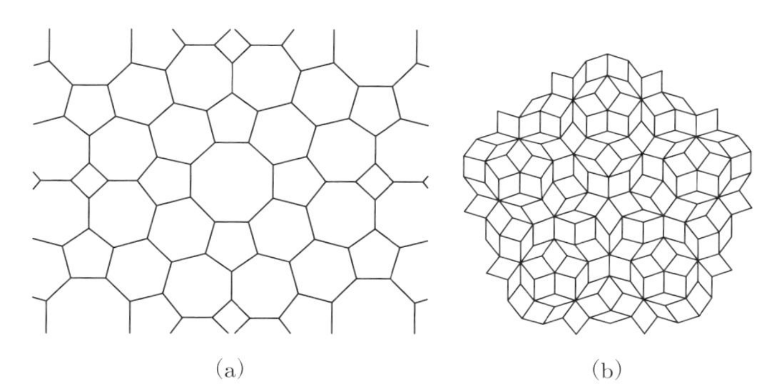

図 **33** 正則でない 2 種類の敷き詰め

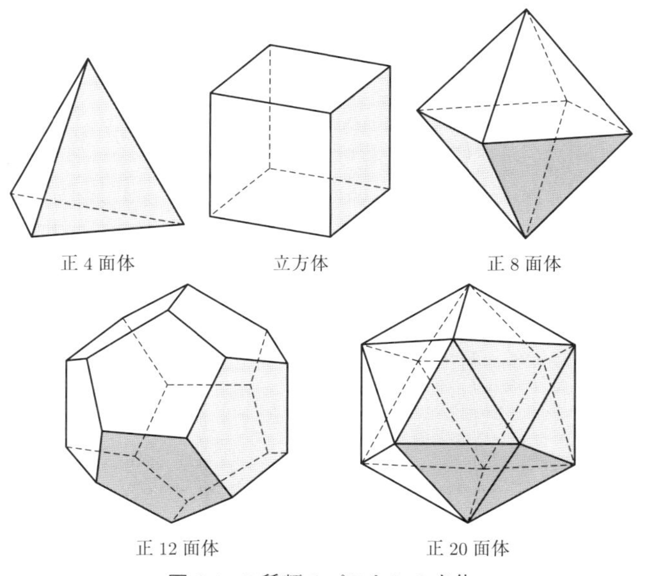

図 **34** 5 種類のプラトンの立体

- 4 個の正 3 角形の面をもつ**正 4 面体**
- 6 個の正方形の面をもつ**立方体**
- 8 個の正 3 角形の面をもつ**正 8 面体**
- 12 個の正 5 角形の面をもつ**正 12 面体**
- 20 個の正 3 角形の面をもつ**正 20 面体**

これらの正多面体は，プラトンが著書『ティマイオス』でこれらを記述したことにちなんで，しばしば**プラトンの立体**と呼ばれる．プラトンは，正多面体を火(正 4 面体)，地球(立方体)，空気(正 8 面体)，水(正 20 面体)，そして，宇宙(正 12 面体)に対応させた．

正多面体は，なぜ 5 種類しかないのか．

紀元前 250 年ごろ，ユークリッドは，有名な『原論』の中で，正多面体はこれら 5 種類だけしかないことを幾何学的に証明した．ここでは，レオンハルト・オイラーが 1750 年の手紙の中で述べた公式から同じ結果を導こう．オイラーは，はじめて辺の概念を明確に導入した．

オイラーの多面体公式：F 個の面，V 個の頂点，E 本の辺をもつ任意の多面体に対して，$F+V=E+2$ が成り立つ．

この結果は，しばしば，$V-E+F=2$ と表されるが，オイラーがこの形式で述べたことはない．

次の一覧は，5 種類の正多面体の面，頂点，辺の数を列挙したものである．それぞれの正多面体に対して，オイラーの多面体公式が成り立つことが簡単に確認できる．

- 正 4 面体：$F=4$, $V=4$, $E=6$
- 立方体：$F=6$, $V=8$, $E=12$
- 正 8 面体：$F=8$, $V=6$, $E=12$
- 正 12 面体：$F=12$, $V=20$, $E=30$
- 正 20 面体：$F=20$, $V=12$, $E=30$

正多面体がこれら 5 種類しかない理由を説明するために，多面体のそれぞれの面は正 k 角形であり，それぞれの頂点には d 本の辺が集まると仮定しよう．そして，k と d がとりうる値を見つけるためにオイラーの多面体公式を使おう．k と d はいずれも 3 以上と仮定することができる．

F 個の面それぞれの周りに k 本の辺があるので，$kF=2E$ が得られる．この係数 2 は，それぞれの辺に 2 枚の面が接し，2 回ずつ数えられることに起因する．したがって，$F=2E/k$ である．

同様にして，V 個の頂点それぞれには d 本の辺が集まるので，$dV=2E$ が得られる．ここでも，係数 2 は，それぞれの辺には両端があり，2 回ずつ数えられることに起因する．したがって，$V=2E/d$ である．

この F と V の値をオイラーの多面体公式 $F+V=E+2$ に代入し，式変形すると

$$E = \frac{2kd}{2k+2d-dk}$$

が得られる．

d は 3 以上であることを思い出して，k のとりうる値を調べよう．

1) $k=3$(それぞれの面が正3角形)の場合:

このとき,$E=6d/(6-d)$ は,0より大きくなければならないので,$d=3, 4, 5$ のいずれかである.

$d=3$ ならば,$E=6$, $V=4$, $F=4$ となり,これは正**4**面体である.

$d=4$ ならば,$E=12$, $V=6$, $F=8$ となり,これは正**8**面体である.

$d=5$ ならば,$E=30$, $V=12$, $F=20$ となり,これは正**20**面体である.

2) $k=4$(それぞれの面が正方形)の場合:

このとき,$E=4d/(4-d)$ は,0より大きくなければならないので,$d=3$ である.したがって,$E=12$, $V=8$, $F=6$ となり,これは立方体である.

3) $k=5$(それぞれの面が正5角形)の場合:

このとき,$E=10d/(10-3d)$ は,0より大きくなければならないので,$d=3$ である.

したがって,$E=30$, $V=20$, $F=12$ となり,これは正**12**面体である.

4) $k\geqq 6$ の場合:

分母を式変形すると

$$2k+2d-dk = -(k-6)(d-3)-(k-6)-4(d-3)$$

が得られるが,これは0より大きくなりえない.したがって,この場合は起こらない.

したがって,可能なのは,5種類の正多面体に対応する場合だけで

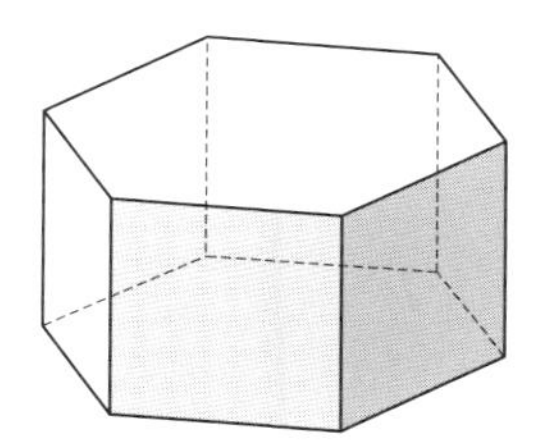
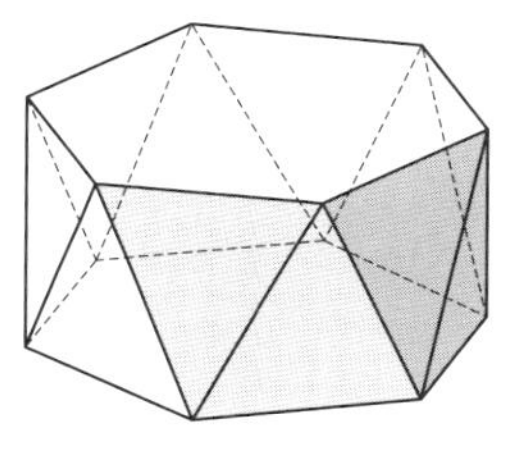

図 **35**　角柱と反角柱

ある．

次に，それぞれの頂点に集まる多角形の配置は同じであることは要求するが，正多角形がすべて同じ種類でなければならないという条件を緩めてみよう．これによって，**準正多面体**が得られる．準正多面体は，アルキメデスによって論じられたので，**アルキメデスの立体**とも呼ばれる．

まず，2 種類の無限の族がある．その一つは，合同な二つの正多角形とそれらの間をつなぐ正方形の帯からなる**角柱**である．もう一つは，角柱の一方の正多角形を回転させ，それらの間をつなぐ帯が正 3 角形になった**反角柱**である．6 角柱と反 6 角柱を図 35 に示す．

このほかに 13 種類のアルキメデスの立体があることが分かっており，そのいくつかには素敵な名前がつけられている(図 36)．このそれぞれに対してオイラーの多面体公式が成り立つことに注意しよう．これまでと同じように，それぞれの頂点における多角形の配置を記述する記号を用いる．たとえば，切頂 4 面体の記号は 3.6.6 であり，それぞれの頂点には一つの正 3 角形と二つの正 6 角形が集まる．

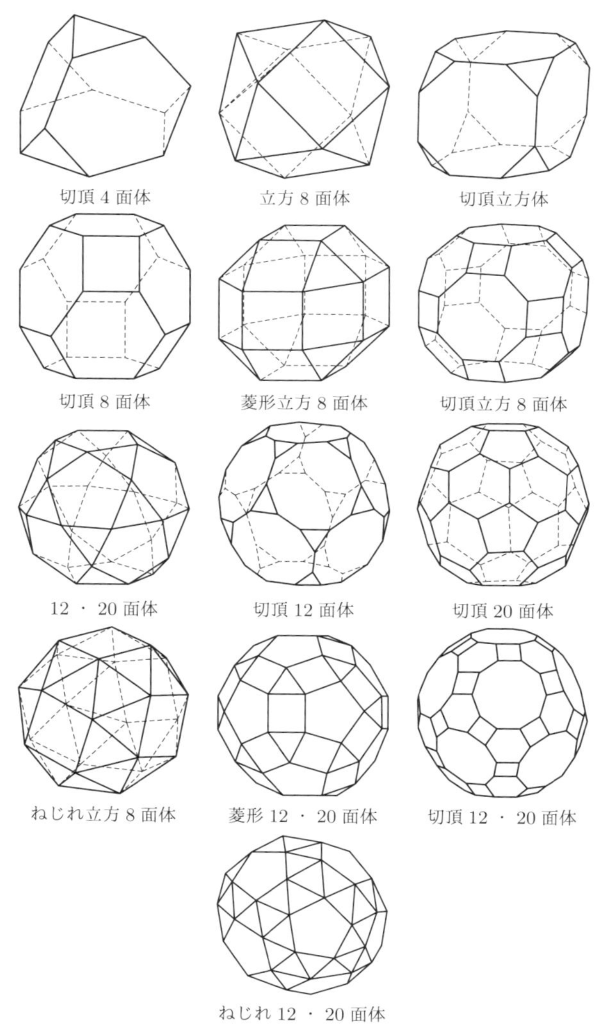

図 **36**　13 種類の準正多面体

切頂 4 面体(3.6.6)： $F = 8,\ V = 12,\ E = 18$
立方 8 面体(3.4.3.4)： $F = 14,\ V = 12,\ E = 24$
切頂立方体(3.8.8)： $F = 14,\ V = 24,\ E = 36$
切頂 8 面体(4.6.6)： $F = 14,\ V = 24,\ E = 36$
菱形立方 8 面体(3.4.4.4)： $F = 26,\ V = 24,\ E = 48$
切頂立方 8 面体(4.6.8)： $F = 26,\ V = 48,\ E = 72$
12・20 面体(3.5.3.5)： $F = 32,\ V = 30,\ E = 60$
切頂 12 面体(3.10.10)： $F = 32,\ V = 60,\ E = 90$
切頂 20 面体(5.6.6)： $F = 32,\ V = 60,\ E = 90$
ねじれ立方 8 面体(3.3.3.3.4)： $F = 38,\ V = 24,\ E = 60$
菱形 12・20 面体(3.4.5.4)： $F = 62,\ V = 60,\ E = 120$
切頂 12・20 面体(4.6.10)： $F = 62,\ V = 120,\ E = 180$
ねじれ 12・20 面体(3.3.3.3.5)： $F = 92,\ V = 60,\ E = 150$

いくつかの準正多面体は，結晶や化学分子として自然界に現れる．とくに，正 5 角形と正 6 角形から作られた多面体は，フラーレンまたはバッキーボールとして知られる分子として出現する．なかでも，もっともよく知られた 60 個の炭素原子からなる C_{60} は，切頂 20 面体またはサッカーボールの形状をしている(図 37)．バッキーボールという名前は，ジオデシック・ドームを設計した米国の建築家バックミンスター・フラーにちなんでつけられた．ジオデシック・ドームは，1967 年のモントリオール万国博におけるアメリカ館のような，軽くて強度があり，建築費用も抑えられる建造物である．

興味深いことに，5 角形と 6 角形から作られ，それぞれの頂点には 3 個の面が集まる任意の多面体には，5 角形がちょうど 12 個な

図 37　バッキーボール C_{60} とサッカーボール

ければならないことが分かっている．

なぜそうなるかは次のようにして分かる．そのような多面体には p 個の 5 角形と h 個の 6 角形があると仮定すると，面の総数，その面を囲む辺の総数，面の周りの頂点の総数を，p と h を使って書き表すことができる．

面：　$F=p+h$

辺：　$2E=5p+6h$

（左辺の 2 は，それぞれの辺の両側に多角形があることに起因する．）

頂点：$3V=5p+6h$

（左辺の 3 は，それぞれの頂点に 3 個の多角形が集まることに起因する．）

これらの結果をオイラーの多面体公式 $F+V=E+2$ に代入すると，

$$(p+h)+\left(\frac{5}{3}p+2h\right)=\left(\frac{5}{2}p+3h\right)+2$$

が得られる．

この h の項は帳消しになり，残りの項を整理すると求める $p=12$ が得られる．

したがって，すべてのサッカーボールにはちょうど12個の5角形の面がある．次にサッカーの試合を観るときにはちょっと考えてみよう．

6　グラフ

グラフ理論は，道路で結ばれた町を示す道路地図や化学結合によって結びついた原子からなる分子など，二つ一組として結びついた点の集まりについての理論である．（関数のグラフとは無関係である．）

第 2 章では，ケーニヒスベルクの橋の問題，ナイトの巡歴問題，ガス・水道・電気問題，地図の塗り分け問題，最小全域木問題，巡回セールスマン問題について述べた．これらの問題すべてを再考し，これらがいかにしてすべてグラフ理論の問題と考えられるかを説明しよう．

グラフとは

グラフは，頂点と呼ばれる何個かの点と，それらの点を二つ一組にして結ぶ辺と呼ばれる線から構成される．辺は，直線として描くこともできるし，曲線として描くこともできる．図 38 は，5 個の頂点 v, w, x, y, z と，7 本の辺 vw, vx, vz, wx, wy, xy, yz をもつグラフである．それぞれの辺における頂点の順序は重要ではないので，wv は vw と同じ辺であり，辺 vx と wy が交わる点は頂点ではないことに注意しよう．通常，頂点とそれ自体を結ぶ辺はなく，いかなる頂点の対に対してもそれらを結ぶ辺は 1 本だけであること

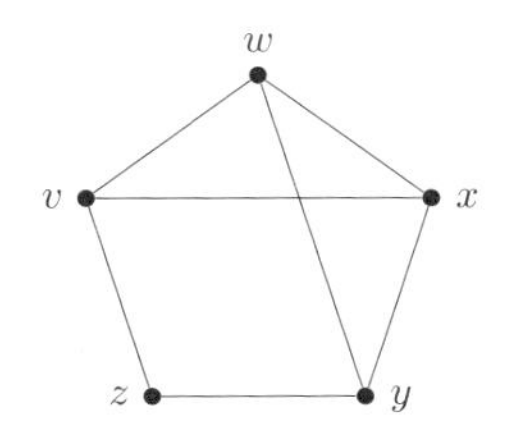

図 **38**　5 個の頂点と 7 本の辺をもつ単純連結グラフ

を仮定する．このようなグラフは，**単純グラフ**と呼ばれることがある．

このグラフは**連結**，すなわち，ひとつながりになっているし，3 角形 vwx や wxy，4 角形 $vxyz$ や $vwyz$，そして 5 角形 $vwxyz$ のようないくつかの**閉路**を含むことに注意しよう．

このあと登場する重要な単純グラフとして，n 個の頂点のどの 2 個も結ばれている**完全グラフ** $K(n)$，r 個の互いに辺で結ばれていない頂点が s 個の互いに辺で結ばれていない頂点と可能なすべての組合せで結ばれている**完全 2 部グラフ** $K(r,s)$，n 個の頂点が一つの閉路を構成している**巡回グラフ** $C(n)$ がある．完全グラフ $K(4)$ と $K(5)$，完全 2 部グラフ $K(3,3)$ と $K(3,4)$，巡回グラフ $C(5)$ を図 39 に示す．

頂点の**次数**とは，その頂点を端点とする辺の本数のことである．たとえば，図 38 において，頂点 v, w, x, y の次数はそれぞれ 3 であり，頂点 z の次数は 2 である．レオンハルト・オイラーによる次の結果を述べておこう．

グラフのすべての頂点の次数の和は，グラフの辺の本数の 2 倍である．

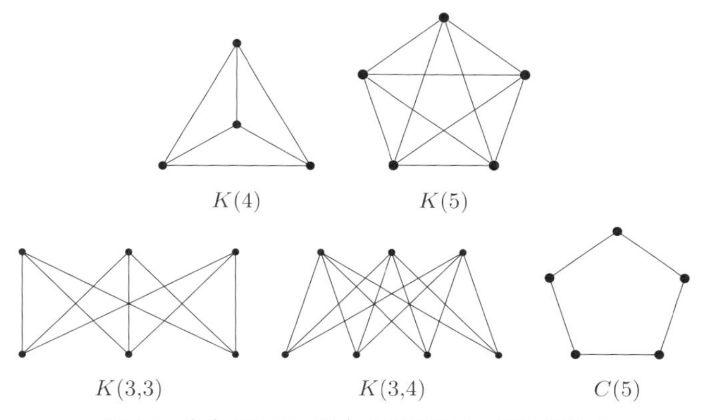

図 39　完全グラフ，完全 2 部グラフ，巡回グラフ

その理由は，それぞれの辺は，次数の和に対してちょうど 2（それぞれの端点で 1）だけ寄与するからである．たとえば，図 38 において，

$$\deg(v)+\deg(w)+\deg(x)+\deg(y)+\deg(z)$$
$$= 3+3+3+3+2 = 14 = 2\times 7$$

となる．（$\deg(v)$ は v の次数を表す．）

この結果は，**握手補題**と呼ばれることもある．図 38 があるパーティでの 5 人の間の握手を表現している（すなわち，v と w は握手をしたが，v と y は握手をしていない）とすると，それぞれの握手にはちょうど 2 本の手が関与するので，握手補題が成り立つ．

握手補題から次の命題が得られる．

すべてのグラフには，次数が奇数の頂点が偶数個ある．

たとえば，7 個の頂点すべての次数が 3 であるようなグラフは存在しない．なぜなら，次数の和は 21 になってしまい，このグラフには $10\frac{1}{2}$ 本の辺があることになるからである．

パーティで出会った人たちが，どの 2 人も 2 回以上握手することはないと仮定すると，次のように帰結できる．

少なくとも 2 人は，同じ回数の握手をしていなければならない．

パーティには n 人いたと仮定しよう．その人たちの握手の回数がすべて相異なるならば，それは $0, 1, 2, 3, \ldots, n-2, n-1$ であり，それぞれがちょうど 1 回ずつ生じていなければならない．しかし，$n-1$ 回の握手をした人は，0 回の握手をした人を含めて残りの全員と握手をしていなければならない．この矛盾から，前述の結果が得られる．

グラフ理論の用語を使うと，次のように述べることができる．

すべての単純グラフでは，少なくとも 2 個の頂点は同じ次数になる．

このパーティ問題は，ラムゼイ理論と呼ばれる数学の一分野の入り口である．大雑把にいうと，ラムゼイ理論は，十分大きな集合が与えられたならば，特定の種類の部分集合がつねに存在するというものだ．パーティ問題の文脈では，次のような主張がもっともよく知られた一例である．

6 人以上のいかなるパーティにおいても，少なくとも 3 人が互

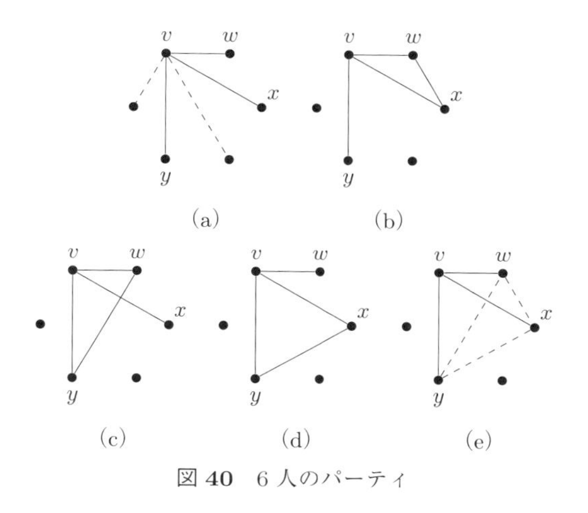

図 **40** 6 人のパーティ

いに知り合いであるか，あるいは，少なくとも 3 人が互いに知り合いではないかのいずれかである．

（6 人を表現する）6 個の頂点をもつグラフを考え，対応する人どうしが知り合いならば二つの頂点を実線の辺で結び，知り合いでなければ破線の辺で結ぶと，この理由が分かる．ここで，実線の 3 角形（互いに知り合いである 3 人）か破線の 3 角形（互いに知り合いでない 3 人）がつねに存在することを示さなければならない．

v を任意の頂点とする．このとき，v を端点とする 5 本の（実線または破線の）辺がなければならず，そのうちの少なくとも 3 本は同じ種類である．（その 3 本を vw, vx, vy としよう．）この 3 本はすべて実線であると仮定する（図 40 (a)）．この 3 本がすべて破線である場合も，同じように論証できる．

このとき，w と x が知り合いならば，vwx は実線の 3 角形になる(図 40 (b))．同じように，w と y が知り合いである場合や，x と y が知り合いである場合も，それぞれ実線の 3 角形 vwy や vxy が得られる(図 40 (c)および(d))．最後に，w，x，y のうちのどの 2 人も知り合いでなければ，wxy は破線の 3 角形になる(図 40 (e))．このようにして，すべての場合で実線か破線の 3 角形が存在する．

パーティに参加する人数が増えれば，さらに次のことが証明できる．

> 18 人以上のいかなるパーティにおいても，少なくとも 4 人が互いに知り合いであるか，あるいは，少なくとも 4 人が互いに知り合いでないかのいずれかである．

それでは，次のような自然な問いについてはどうだろうか．

> 少なくとも 5 人が互いに知り合いであるか，あるいは，少なくとも 5 人が互いに知り合いでないかを保証されるパーティには何人いなければならないか．

この問いに対する答えは 43 から 49 までの間のいずれかであるが，正確な値は分かっていない．グラフ理論のこの領域はポール・エルデシュなどによってかなり研究されているが，簡単に述べることのできる多くの問題の答えがまだ見つかっていない．

木

家族の構成員どうしの相互関係を表す図である家系図は馴染み深

いものだろう．グラフ理論においては，**木**は，閉路をもたない連結なグラフと定義される．6 個の頂点をもつ木を図 41 に示す．

どのような木も，ただ一つの頂点から始めて，各段階で新しい頂点を結びつける新たな辺を追加することで，段階的に作ることができる．1 個の頂点だけで辺が 1 本もないところから始めて，それぞれの段階で 1 個の頂点と 1 本の辺を追加するので，頂点の個数はつねに辺の本数よりも 1 だけ多い．すなわち，次のことが成り立つ．

n 個の頂点をもつすべての木は，$n-1$ 本の辺をもつ．

逆に，n 個の頂点と $n-1$ 本の辺をもつ連結なグラフはすべて木である．

化学における木の例として，第 2 章で述べたアルカン C_nH_{2n+2} がある．それぞれの炭素の位置する頂点は次数が 4 であり，それぞれの水素の位置する頂点は次数が 1 であることを思い出せば，アルカンが木構造になる理由が分かる．このとき，頂点の総数は $n+(2n+2)=3n+2$ であり，辺の本数は次数の和の半分である $\{4n+(2n+2)\}/2=3n+1$ になる．頂点の個数が辺の本数より 1 だけ多いので，アルカンが形作るグラフは木である．同じような論証によって，アルコール $C_nH_{2n+1}OH$ もまた木になることが示せる．

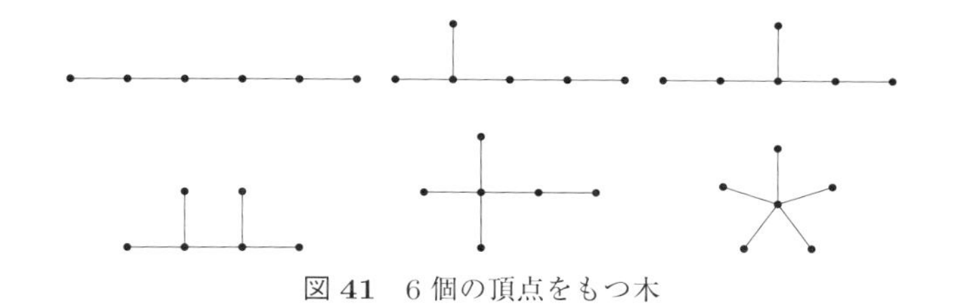

図 41　6 個の頂点をもつ木

この場合，酸素(O)が位置する頂点の次数はいずれも 2 である．

木に関連する興味深い最適化問題として，第 2 章でも紹介した**最小全域木問題**がある．いくつかの都市を，それぞれの都市からほかのすべての都市に行けることを保証しつつ，接続費用の総額が最小になるように接続したいことを思い出そう．

あきらかに，町をつなぐ望ましい道路網は木でなければならない．なぜなら，もし閉路があったとすると，道路網を分断することなく，その閉路の任意の 1 辺を取り除くことができ，その結果として，総費用を減らすことができるからである．しかし，多くの可能な木の中から，どれを選べばよいだろうか．

アーサー・ケイリーによる結果を使うと，n 都市を結ぶ相異なる木の総数は n^{n-2} 通りあり，n が大きくなるに従ってこの数は急激に大きくなる．たとえば，5 都市を結ぶ木は $5^3=125$ 通りあり，10 都市を結ぶ木は $10^8=1$ 億通りある．（またしても，組合せ爆発！）第 2 章では，図 42 (a)の道路網に対して，総費用 23, 21, 20 の木を見つけたが，125 通りの木すべてを調べることなく，これを改良することができるだろうか．

幸いなことに，辺を 1 本ずつ追加して最小全域木を組み立てる効率的なアルゴリズムが存在する．それは，**貪欲アルゴリズム**と呼ばれる．なぜなら，それぞれの段階で，その辺を追加することで閉路ができないという条件のもとで，できるだけ安い費用の辺を貪欲に選ぶからである．図 42 (a)の道路網では，次のようなステップを踏む．

(1) もっとも安い費用 **2** の辺 **AE** を選ぶ．

(2) 次に安い費用 **3** の辺 **EC** を選ぶ．

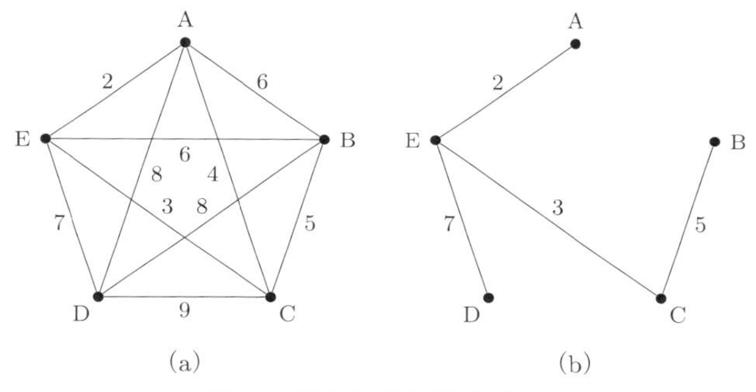

図 **42** 最小全域木問題を解く

ここで，次に安い費用 4 の辺 AC を選ぶことはできない．なぜなら，AC にすでに選んだ辺 AE と EC をあわせると，閉路が完成してしまうからである．

（3） **その次に安い費用 5 の辺 BC を選ぶ．**

今度は，次に安い費用 6 の辺 AB も EB も選ぶことはできない．なぜなら，そのいずれの辺によっても閉路が完成するからである．

（4） **その次に安い費用 7 の辺 ED を選ぶ．**

これで，すべての町をつなぐ木が得られたので，完成である．結果として得られた図 42 (b) の木の総費用は 2+3+5+7=17 であり，第 2 章で試行錯誤によって見つけた木よりも大幅に改善した．この場合には，これが望みうる最良の解である．

実際，貪欲アルゴリズムは，都市がいくつあったとしても，つねに最小費用の木を作り出す．さらに，貪欲アルゴリズムは，多項式時間アルゴリズムである．すなわち，都市の数を n とすると，貪欲アルゴリズムはたかだか n^2 の定数倍の時間で実行できるのである．

オイラー・グラフとハミルトン・グラフ

1735 年に，オイラーは，第 2 章で紹介したケーニヒスベルクの橋の問題を解いた(図 43 (a))．これは，出発点に戻ってくるまでにケーニヒスベルクの七つの橋をちょうど 1 回ずつ渡ることができるかどうかを問う問題であった．この問題とグラフ理論の結びつきは，町のそれぞれの区域を頂点で置き換え，それぞれの橋を対応する区域を結ぶ辺で置き換えると，図 43(b)に示したような 4 個の頂点と 7 本の辺をもつグラフになることから分かる．ケーニヒスベルクの橋の問題は，すべての辺をちょうど 1 回ずつ含み，出発点に戻ってくるような経路を見つけることである．

グラフにそのような経路を見つけることができるならば，そのグラフを**オイラー・グラフ**という．たとえば，図 43 (c)のグラフはオイラー・グラフである．いくつもの可能な経路のうちの一つは，次のようになる．

$$u \to v \to w \to x \to y \to w \to t \to y \to z \to t \to v \to z \to u$$

オイラーは，一つの区域に入ったならば，かならずそこから出ていくことができなければならないので，それぞれの区域は偶数の橋に囲まれていなければならないと述べた．これは，グラフ理論の言葉を使えば，それぞれの頂点の次数は偶数であることを意味する．この必要条件が十分条件でもあることが分かり，次の結果が得られ

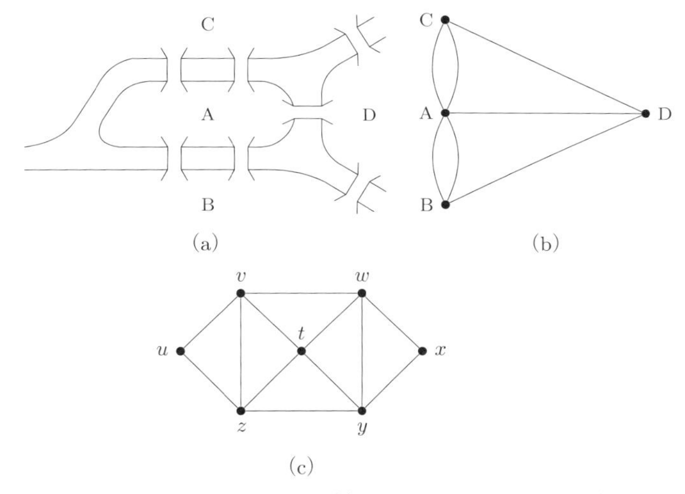

図 **43** ケーニヒスベルクの橋の問題およびそのグラフとオイラー・グラフ

る．

> 連結なグラフがオイラー・グラフとなるのは，すべての頂点の次数が偶数であるとき，そしてそのときに限る．

たとえば，図 43 (c)のグラフの頂点の次数は，いずれも 2 か 4 であるので，このグラフはオイラー・グラフである．しかしながら，ケーニヒスベルクのグラフの頂点の次数は，3, 3, 3, 5 であり，すべて奇数なので，ケーニヒスベルクの橋の問題に解はない．すなわち，求められている種類の経路は存在しない．

ケーニヒスベルクの橋の問題(そして，同種のどんな問題も)についてのオイラーの説明は，しばしば「グラフ理論の最初の論文」と表現される．しかし，オイラーがケーニヒスベルクのグラフを図43 (b)のように描いたことはなかった．

いくぶん同じように思える問題に，出発点に戻るまでにグラフのすべての頂点をちょうど1回ずつ通るような経路を求めよというのがある．図43 (c)のグラフでは，そのような経路として次のものがある．

$$u \to v \to w \to x \to y \to t \to z \to u$$

この二つの問題の違いは，いくつかの都市の間の考えうるすべての経路を探検したいと考え，その結果としてそれぞれの都市を何度も訪れる**探検家**と，都市を結ぶいくつかの経路を通り損ねたとしてもすべての都市を訪れたいと考える**旅行者**の違いのようなものだ．

アイルランドの数学者であり天文学者でもあったウィリアム・ローワン・ハミルトン卿はこのような問題に興味をもった．ハミルトンは，1850年代に**イコシアン・ゲーム**，あるいは**世界一周旅行**と呼ばれるパズルを考案した．このパズルでは，正12面体の頂点に20個のアルファベットが割り当てられて(B=ブリュッセル，C=広東，D=デリー，...，Z=ザンジバル)，出発点に戻るまでにそれぞれの場所をちょうど1回ずつ訪れて，世界一周旅行をすることが求められる(図44)．その一つの解は，これらの場所をアルファベットの順に訪れることで得られる．

このパズルをもっと難しくするために，ハミルトンは，最初に与えられた5個の場所を訪れなければならないとすると，何通りの経路があるかを問うた．たとえば，BCPNMには2通りの解があり，LTSRQには4通りの解がある．

このようなすべての頂点を通る経路があるようなグラフは，ハミ

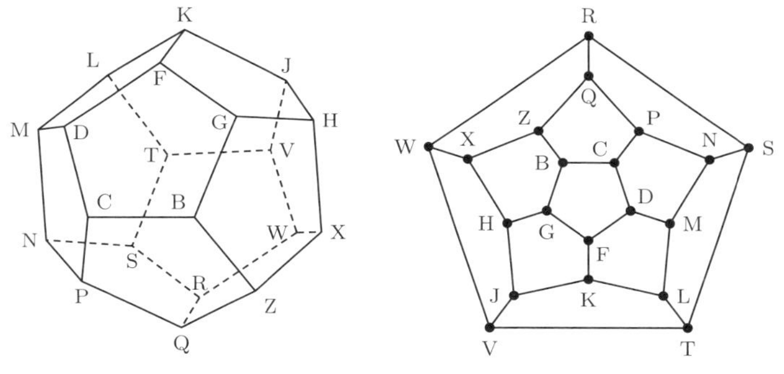

図 44　イコシアン・ゲーム

ルトン・グラフと呼ばれ，その場合の経路はハミルトン閉路と呼ばれる．しかし，このようなパズルを提示したのは，ハミルトンが最初ではなかった．組合せ問題に没頭し，第 8 章にも登場するランカシャー教区の牧師で教養のある数学者であったトーマス・カークマン牧師は，数か月早く，もっと一般的な問題を考えていた．

ハミルトン・グラフには，オイラー・グラフと同じような単純な特徴づけはない．多くの結果は，単に「グラフに，十分に多くの辺があれば，ハミルトン・グラフになる」という形式をしている．そのようなものの一つとして，ガブリエル・ディラックによる次の結果がある．

> n 個の頂点をもつ単純グラフは，それぞれの頂点の次数が少なくとも $n/2$ であれば，ハミルトン・グラフになる．

実際には，与えられたグラフがハミルトン・グラフかどうかを判定する効率的なアルゴリズムは知られていない．これは，第 2 章で述べた多項式時間のアルゴリズムが知られていない何百とあるNP完全問題の一つなのである．しかし，誰もそのようなアルゴリズムがないことを証明してもいない．

ハミルトン閉路に関する別の問題として，チェスにおける**ナイトの巡歴問題**がある．ナイトの巡歴問題は，第2章で紹介したように，ナイトの動きに従って8×8のチェス盤のすべてのマスを訪れて出発点に戻ることができるかという問題である．この問題は，64個のマスを頂点と考え，ナイトの動きによって対応するマスどうしを行き来できるならば，それらの頂点を結ぶことで，グラフ理論の問題とみなすことができる．このとき，第2章で示した一例のようなナイトの巡歴は，このグラフのハミルトン閉路になる．

このほかの大きさのチェス盤ではナイトの巡歴は存在するのか．4×4のチェス盤に，いくつかのナイトの動きを書き込んでみよう．左上と右下のマスを通る巡歴では，図45(a)に示したような4手のナイトの動きを含まなければならない．しかし，この4手で経路は閉じてしまうので，そのほかのマスへの移動を加えることができない．したがって，4×4のチェス盤にはナイトの巡歴は存在しない．

同じような論法によって，5×5のチェス盤にもナイトの巡歴が存在しないことが示せる(図45(b))．しかし，この場合には，もっと簡単なやり方がある．ナイトが訪れるマスの色は白と黒が交互になるので，マスの総数は偶数でなければならない．しかし，5×5のチェス盤のマスの総数は奇数なので，ナイトの巡歴は存在しない．同様にして，7×7のチェス盤や，nを任意の奇数とするときの$n \times n$のチェス盤においても，ナイトの巡歴は存在しない．nが偶数の場合には，4×4のチェス盤にはナイトの巡歴は存在しない

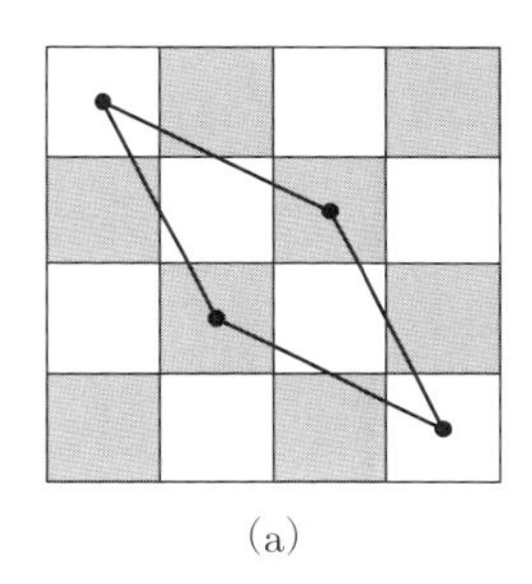
(a)

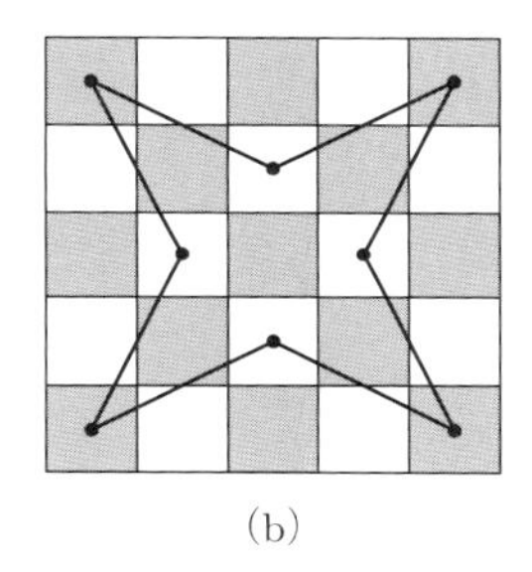
(b)

図 **45**　4×4 や 5×5 のチェス盤にはナイトの巡歴は存在しない.

が，それより大きい盤すべてにおいてナイトの巡歴が存在する．ためしに，6×6 のチェス盤でナイトの巡歴を作ってみよう.

ハミルトン閉路に関する最適化問題として，第 2 章で紹介した**巡回セールスマン問題**がある．この問題では，セールスマンが，出発点に戻ってくるまでにいくつかの都市を訪れようとしている．都市から都市へと移動する費用が分かっているとき，総費用を最小化するような経路をどのようにして求めればよいだろうか.

その一例を図 46 (a)に示す．第 2 章では，総費用がそれぞれ 29, 29, 28 であるような 3 通りのハミルトン閉路を見つけた．これよりもよい解が存在するだろうか．いくつかためしにやってみると見つかるように，もっとも安い費用の経路は，

$$\mathrm{A} \to \mathrm{E} \to \mathrm{C} \to \mathrm{B} \to \mathrm{D} \to \mathrm{A}$$

であり，その費用は 26 であることが分かる(図 46 (b)).

都市の数を n とすると，可能な経路の数は，簡単に分かるように，

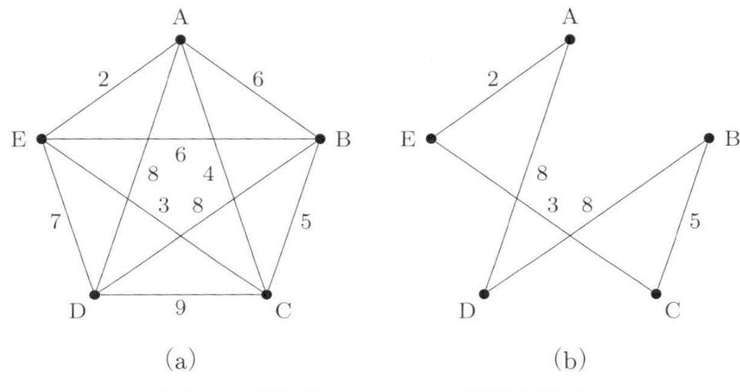

図 **46**　巡回セールスマン問題を解く

$$(n-1)\times(n-2)\times(n-3)\times\cdots\times3\times2\times1=(n-1)!$$

通り，あるいは，経路をどちら向きにも旅行できるとすればその半分だけある．この数は，n が増加するにつれて急激に増加する．したがって，最小全域木問題と同じように，なんとしても効率的なアルゴリズムを見つけることが望まれる．実用上は，最良に近い解が得られる経験則に基づく方法があるものの，最良の解を求める効率的なアルゴリズムは知られていない．巡回セールスマンの問題は，第 2 章で言及した NP 完全問題の一つなのである．

平面的グラフ

第 2 章のガス・水道・電気問題において，A 氏，B 氏，C 氏は，考えうる 9 通りの接続のどの二つも交差しないように，3 種類の公共設備と接続したいと考えている．グラフ理論の用語を使えば，これは，辺が交差しないように図 47 (a)の完全 2 部グラフ $K(3,3)$ を平面上に描けるかどうかという問題である．

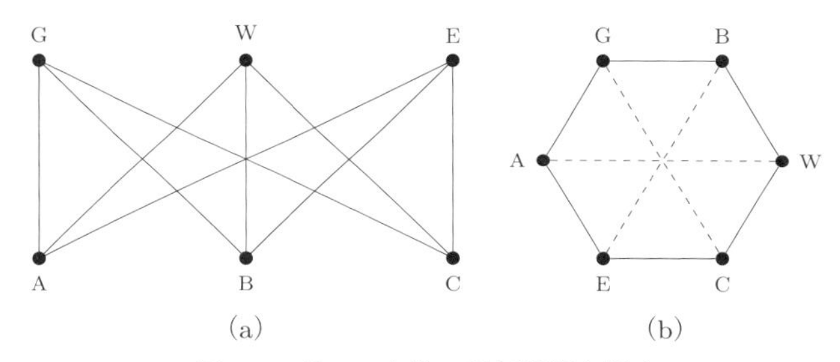

図 47 ガス・水道・電気問題を解く

その答えが否定的である理由を知るには，もしそのような解があったとすると，閉路を形作る(3 名と 3 種類の公共設備の頭文字を使った) 6 本の辺

$$A \to G \to B \to W \to C \to E \to A$$

が図 47 (b)のような平面上の 6 角形として現れなければならないことに注意する．このとき，残る 3 本の辺 AW, BE, CG を交わらないように追加できるだろうか．

AW がこの 6 角形の内側で結ばれるならば，BE は，AW と交わらないようにこの 6 角形の外側で結ばれなければならない．すると，ほかの辺と交わることなく CG を結ぶことは，この 6 角形の内側でも外側でもできない．AW がこの 6 角形の外側で結ばれる場合も，同じような議論が成り立つ．

したがって，いずれの場合も，これら 3 本の辺を追加することはできない．$K(3,3)$ をどのように描いたとしても，交差する辺を含み，この 3 氏は失意にくれる運命にあるのだ．

グラフは，辺が交差することなく平面上に描くことができるならば，平面的と呼ばれる．たとえば，図 48 (a)のグラフは，平面

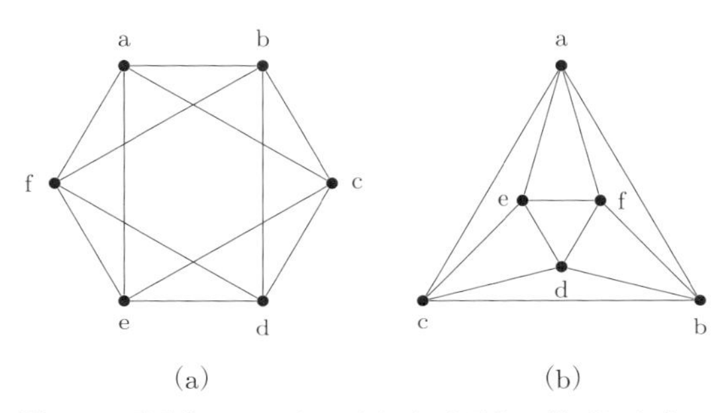

図 48　平面的グラフと，それを平面上に描画したもの

的である．なぜなら，図 48 (b)のように平面上に描くことができるからである．簡単のため，平面的グラフをこのように平面上に描いたものを**平面グラフ**と呼ぶ．与えられたグラフが平面的かどうかを判定し，もし平面的であればそれを平面上に描く多項式時間アルゴリズムが存在することが分かっている．そのグラフに n 個の頂点があったとすると，そのアルゴリズムの実行時間は，たかだか n の定数倍になるのである．

$K(3,3)$ 以外の平面的でないグラフとして，図 49 (a)に示した完全グラフ $K(5)$ がある．五つの町を互いに結ぶ道路網を描くと，その道路の少なくとも 2 本は交差しなければならない．その理由は，$K(3,3)$ の場合と同じような論法で示すことができる．$K(5)$ が平面的であったとすると，閉路

$$\mathrm{A} \to \mathrm{B} \to \mathrm{C} \to \mathrm{D} \to \mathrm{E} \to \mathrm{A}$$

は，図 49 (b)に示したような 5 角形として平面上に現れなければならない．これに，残りの 5 本の辺を追加することができるだろうか．この 5 角形の内側で図のように BE を結んだら，AC や AD

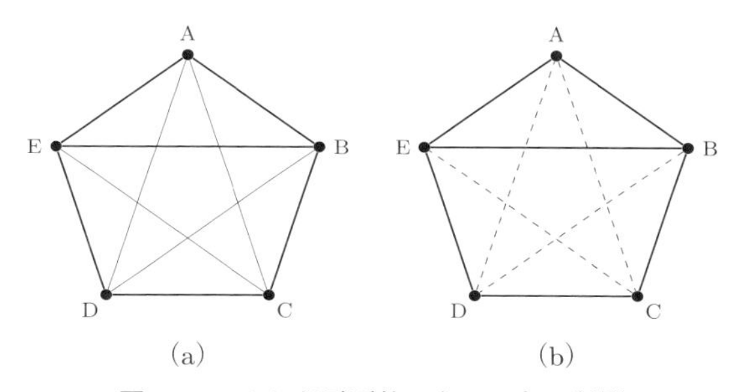

図 49 $K(5)$ が平面的でないことの証明

は BE と交わることができないので，この 5 角形の外側になければならない．すると，BD はこの 5 角形の内側になければならず，ほかの辺と交わることなく CE を結ぶことができなくなる．BE がこの 5 角形の外にあったとしても，同じような議論が成り立つ．したがって，$K(5)$ は平面的でない．

これらの結果に関して注目に値するのは，いかなる非平面的グラフも $K(5)$ と $K(3,3)$ の少なくとも一方を「含まなければ」ならないという意味で，実質的に非平面グラフは $K(5)$ と $K(3,3)$ の二つだけであるということだ．これは，1930 年にポーランドの数学者カジミェシュ・クラトフスキによって証明された．もっと正確にいえば，図 50 のように辺に次数 2 の頂点を追加したとしても，グラフの平面性は変わらないので，次の結果が得られる．

> クラトフスキの定理：グラフが平面的であるのは，そのグラフが $K(5)$，$K(3,3)$，そしてそれらに次数 2 の頂点を追加して得られるグラフを含まないとき，そしてそのときに限る．

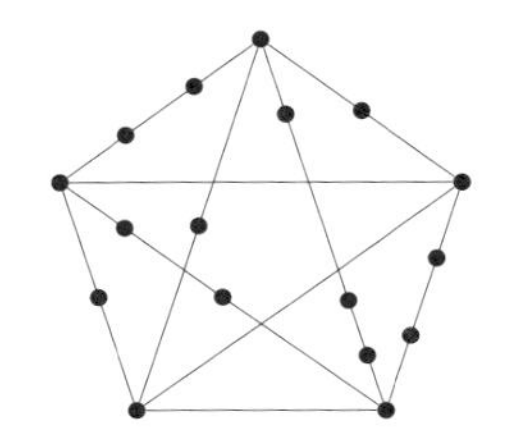
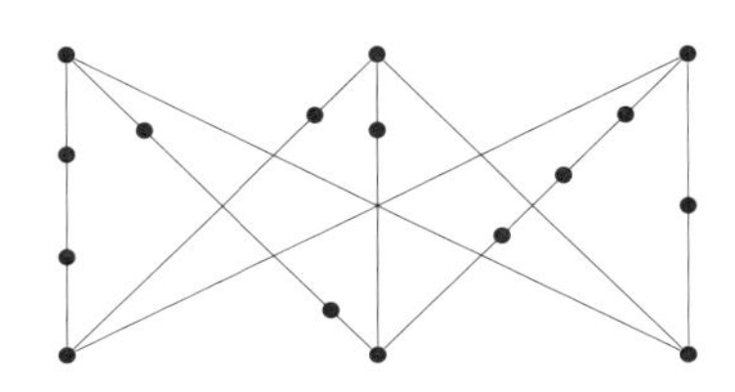

図 50　次数 2 の頂点を追加した $K(5)$ と $K(3,3)$

任意の平面グラフは，平面を(無限面と呼ばれる非有界な領域を含めた)**面**と呼ばれる領域に分割する．たとえば，図 48 (b)の平面グラフには 8 個の面がある．第 5 章で述べたオイラーの多面体公式 $F+V=E+2$ によって，連結な平面的グラフをどのように平面上に描いても，その面の数は変わらない．

平面グラフに対するオイラーの公式：V 個の頂点と E 本の辺をもつ連結な平面的グラフを，辺が交わらないように平面上に描くと，その面の数 F は $E-V+2$ になる．

この結果とオイラーの多面体公式の関連は，多面体を平面に射影してその多面体と同じ数の面，辺，頂点をもつ平面グラフを作れば，あきらかである(図 51)．

平面グラフが単純であれば，それぞれの面は少なくとも 3 本の辺で囲まれている．したがって，それぞれの面を囲む辺の数を数え上げると，$3F \leqq 2E$ でなければならない(この 2 は，辺が二つの面の境界であり，したがって 2 回ずつ数えられることに起因する)．この不等式とオイラーの多面体公式を組み合わせると，$E \leqq 3V-6$ が得られる．さらに，グラフに 3 角形が含まれなければ，それぞ

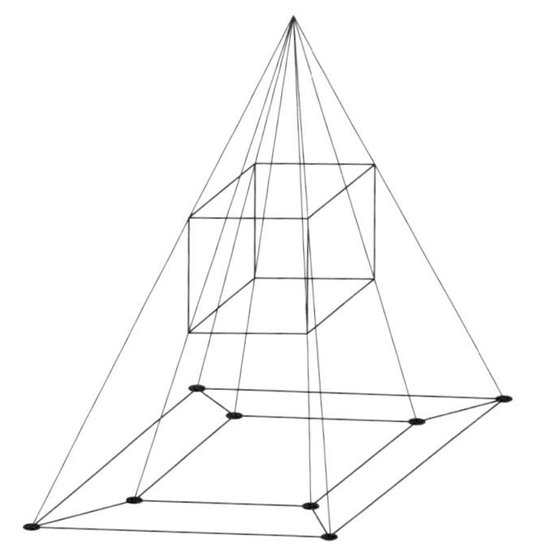

図 51　多面体の平面への射影

れの面は少なくとも 4 本の辺で囲まれ，同じような論法によって $4F \leqq 2E$ と $E \leqq 2V-4$ という不等式が得られる．

これらの不等式によって，$K(5)$ と $K(3,3)$ が非平面的であることの別証明が与えられる．なぜなら，$K(5)$ が平面的だとすると，最初の不等式で $E=10$, $V=5$ とすると，$10 \leqq (3 \times 5)-6=9$ が得られるが，これは矛盾しているからである．また，(3 角形を含まない) $K(3,3)$ が平面的だとすると，二つ目の不等式で $E=9$, $V=6$ とすると，$9 \leqq (2 \times 6)-4=8$ が得られるが，これも矛盾しているからである．

同じような論法によって，次の結果を証明することもできる．

> すべての連結な平面的単純グラフは，次数 5 以下の頂点をもつ．

なぜなら，それぞれの頂点が次数 6 以上ならば，それぞれの頂点につながる辺を数え上げると，$6V \leqq 2E$ が得られる（この 2 は，それぞれの辺には 2 個の端点があり，したがって 2 回ずつ数えらえることに起因する）．このことから，$3V \leqq E$ が得られ，これと前述の不等式 $E \leqq 3V-6$ を組み合わせると $3V \leqq 3V-6$ となって，矛盾が生じる．したがって，次数 5 以下の頂点がなければならない．

すべての平面グラフ G から，次のようにして，**双対グラフ** G^* を描くことができる．

> G のそれぞれの面の内部に点を一つずつ選ぶ．これらの点が G^* の頂点である．
> G のそれぞれの辺を横切るように，G の二つの面にある G^* の頂点を結ぶ線を描く．これらの線が G^* の辺である．

この構成法の例を図 52 に示す．下段のグラフを描く際には，頂点の位置を修正し，辺を直線にしている．

G が連結ならば，G^* も連結な平面グラフであり，

- G^* の頂点の数は，G の面の数に等しい．
- G^* の面の数は，G の頂点の数に等しい．
- G^* の辺の数は，G の辺の数に等しい．

さらに，G^* の双対グラフを作ると，もとのグラフ G が復元される．したがって，実際には，G と G^* は双対関係にある．

すべての平面的単純グラフは次数 5 以上の頂点を含むことが分かっている．双対性を用いると，次の結果が得られる．

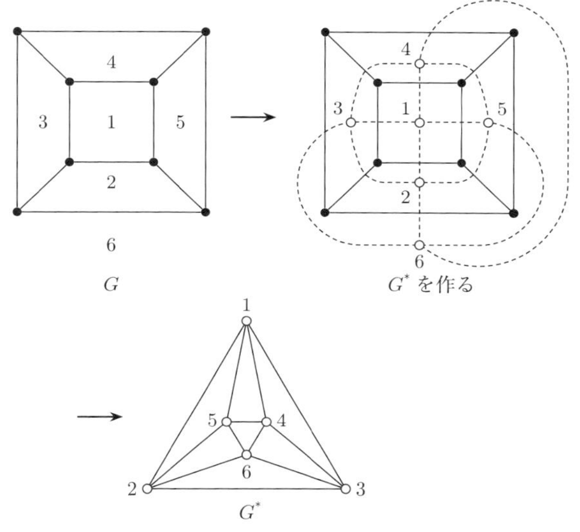

図 **52** 平面グラフ G から双対グラフ G^* を作る

次数1や2の頂点をもたないすべての平面グラフには，たかだか5辺に囲まれた面，すなわち，3角形，4角形，5角形のいずれかである面がある．

失われた領域

平面グラフに対するオイラーの公式の変わった応用として，円をいくつかの領域に分割する問題がある．

円の分割：円周上に n 個の点が与えられたときに，それらを結ぶことで作られる領域の最大数 R はいくつか．

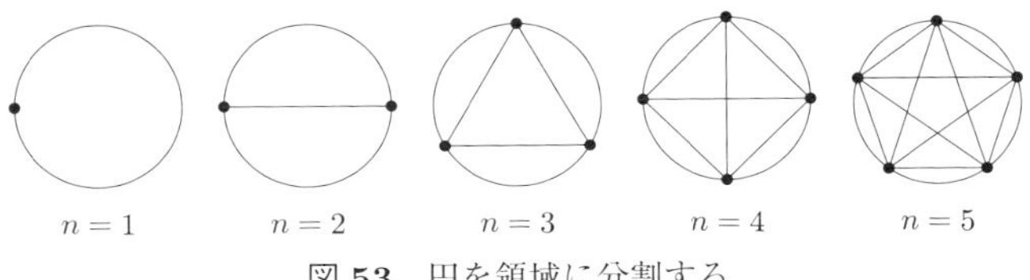

図 **53**　円を領域に分割する

図 53 に示すように，$n=1, 2, 3, 4, 5$ の場合，それぞれ $R=1, 2, 4, 8, 16$ となり，いずれも 2 のべき乗である．したがって，$n=6$ の場合には，答えは 32 になると予想するかもしれないが，実際にそうなるのだろうか．

分割された円を（無限面を含めて）$F=R+1$ 個の面をもつ平面グラフとみなしてみよう．

何個の頂点があるか？　円周上には n 個の頂点があり，円の内部にある頂点は，それぞれ円周上の 4 個の頂点を 2 個ずつ結ぶ $C(n,4)$ 通りから作られる．したがって，$V=C(n,4)+n$ である．

何本の辺があるか？　円周上の n 個の頂点の次数はそれぞれ $n+1$（円周に沿った 2 本の辺と，円の内部に $n-1$ 本の辺がある）であり，円の内部にある $C(n,4)$ 個の頂点の次数はそれぞれ 4 である．したがって，次数の総和は $n(n+1)+4C(n,4)$ である．すると，握手補題によって，辺の数はその半分，すなわち，$E=2C(n,4)+n(n+1)/2$ である．

オイラーの多面体公式の F, V, E にこれらの値を代入すると

$$
\begin{aligned}
R+1 &= \{2C(n,4)+n(n+1)/2\}-\{C(n,4)+n\}+2 \\
&= 2+\frac{n(n-1)}{2}+C(n,4)
\end{aligned}
$$

となる．$C(n,2)=n(n-1)/2$ であるから，

$$R = 1+C(n,2)+C(n,4)$$

となる．n=6 の場合には，$1+C(6,2)+C(6,4)=1+15+15=31$ 個の領域があり，32 個ではない．

さらに，(第 3 章の組合せ規則 2 によって) k=2 と k=4 に対して $C(n,k)=C(n-1,k)+C(n-1,k-1)$ であり，$C(n-1,0)=1$ であるから，この式を

$$R = C(n-1,0)+C(n-1,1)+C(n-1,2)+C(n-1,3)+C(n-1,4)$$

と書き直すことができる．これは，パスカルの三角形の $n-1$ 行目の最初の 5 項の和である．したがって，n=6 の場合には，すでに述べたように，1+5+10+10+5=31 となる．

四色定理

この章を，数学におけるもっとも有名な問題の一つである**四色問題**で締めくくろう．四色問題は，第 2 章でも述べたように，隣り合う国が同じ色にならないようにどのような地図も 4 色で塗り分けられるかという問題である．

地図は平面グラフであり，前に述べたようにそのグラフの双対グラフが作れることに注意すると，グラフ理論との結びつきが分かる．すると，四色問題は，辺で結ばれた二つの頂点がいずれも同じ色にならないように，この双対グラフの頂点を塗り分けるという問題になる(図 54)．

四色問題として述べたオーガスタス・ド・モルガンは，それを解くことはできなかった．そして，それから 124 年後の 1976 年にな

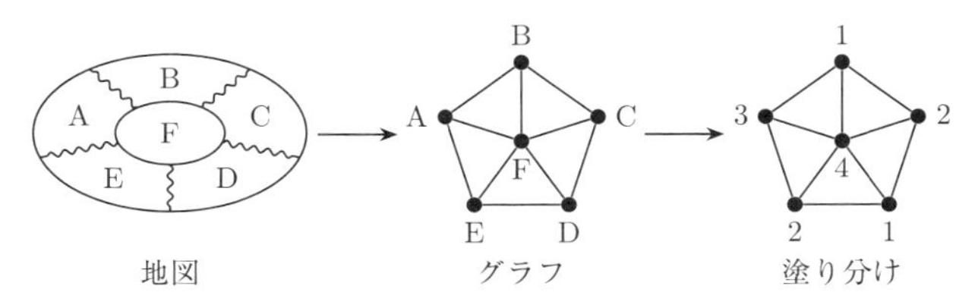

図 54　グラフの頂点の塗り分け

って，ついにすべての地図に対して4色あれば十分であることが証明された．イリノイ大学のウルフガング・ハーケンとケネス・アペルによるその証明は，1200時間以上も計算機を動かし，1482通りの国の構成を詳細に調べ上げたものである．その証明は，ここで述べるには複雑過ぎるが，それよりも弱い次の結果は証明できる．

六色定理：すべての地図は，隣り合う国が同じ色にならないように，6色あれば塗り分けることができる．

六色定理を証明するために，6色で塗り分けることのできない地図があったと仮定して，Mをそのような地図のうちで国の数が最小のものとしよう．すでに述べた結果を用いるとMは，3角形，4角形，5角形のいずれかを含むので，それをCと呼ぶ．図55のようにCから1辺を取り除くと，Mよりも国の数が少ない地図が得られるが，仮定によって，その地図は6色で塗り分けられる．その地図を6色で塗り分けたあとで，Cを復元する．Cはたかだか5色で囲まれていて，6色を使うことができるので，使われていない色でCを塗ると，Mの6色での塗り分けが得られる．このように矛盾が生じるので，すべての地図は6色で塗り分けることができる．

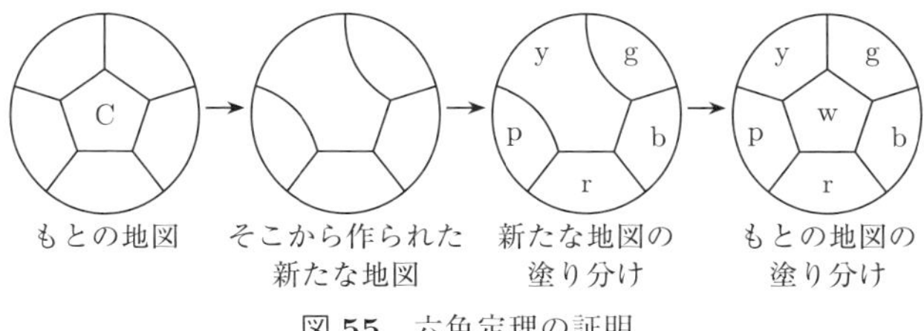

図 **55**　六色定理の証明

最後に，平面的グラフとして四色定理をいい直すと，次のようになる．

> 四色定理：すべての平面的グラフの頂点は，辺によって結ばれる 2 頂点がいずれも同じ色にならないように，4 色で塗り分けることができる．

7　方陣

中国の言い伝えによれば，紀元前 1100 年ごろ，禹(う)帝が黄河の支流である洛水の河岸に立ったとき，甲羅に 1 から 9 までの数が書かれた神聖な亀が河から現れたという．それは，それぞれの行と列，そして対角線に並んだ 3 数の和が 15 になるという「魔法」の性質をもつ正方形の 3×3 の配列に配置されていた(図 56 (a)および(b))．何世紀にもわたって，この数の並べ方は，洛書と呼ばれ，多大な宗教的・超自然的な意味をもつようになった．

16 世紀には，ドイツの画家アルブレヒト・デューラーが，版画「メランコリア I」に 4×4 の魔方陣を採用した．その魔方陣は，それぞれの行，列，そして対角線に並んだ 4 数の和が 34 になるという性質をもっていた(図 56 (c))．その魔方陣の一番下の行の中央の 2 マスには，その版画が作られた年である 1514 が現れている．

この章では，興味深い性質をもつさまざまな魔方陣と，それらの

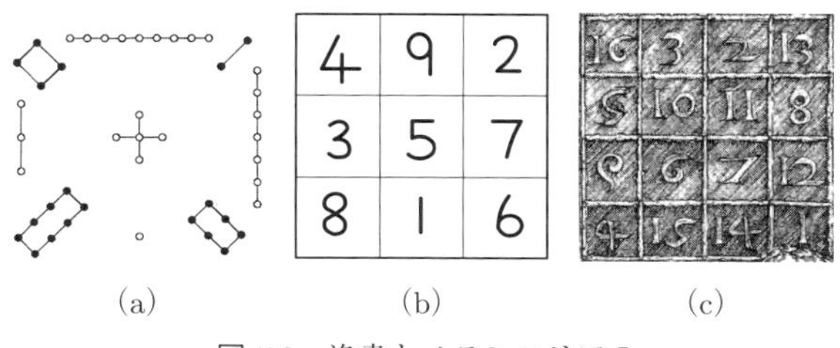

図 56　洛書とメランコリア I

「いとこ」であるラテン方陣を紹介する．ラテン方陣のよく知られた例に数独がある．

魔方陣

$n \times n$ **魔方陣**，あるいは，n 次の魔方陣は，通常は 1 から n^2 までの数(ただし，そうでないものもある)を正方形の配列に並べて，n 個の行，n 個の列，そして 2 本の主対角線それぞれに並んだ n 個の数の和が等しくなるようにしたものである．**準魔方陣**は，正方形の配列で，それぞれの行および列に並んだ数の和は等しいが，対角線に並んだ数の和は必ずしもそれに等しくない．

1 から n^2 までの数を配置することにすると，正方形の配列全体の総和は，等差数列の和である

$$1+2+3+\cdots+n^2 = \frac{n^2(n^2+1)}{2}$$

になる．n 個の行や n 個の列が同じ「魔法和」をもつので，1 行または 1 列に並んだ数を足し合わせると，この $1/n$，すなわち，$n(n^2+1)/2$ になる．たとえば，$n=3$ の場合，この和は 15 であり，$n=4$ の場合は 34，$n=8$ の場合は 260 である．

その後の何世紀かに，中国やイスラムの数学者らは，もっと大きく複雑な魔方陣を作り上げた．そのうちの 2 種類を図 57 に示す．その一つは，1275 年の楊輝によるもので，9×9 魔方陣が，9 個の 3×3 魔方陣に分割されている．もう一つは，10 世紀のアルアンターキーによるもので，15 次の魔方陣の中に 13, 11, 9, 7, 5, 3 次の魔方陣を含んでいて，すべての奇数は中央の菱形の内側に，すべての偶数はその外側に配置されている．

31	76	13	36	81	18	29	74	11
22	40	58	27	45	63	20	38	56
67	4	49	72	9	54	65	2	47
30	75	12	32	77	14	34	79	16
21	39	57	23	41	59	25	43	61
66	3	48	68	5	50	70	7	52
35	80	17	28	73	10	33	78	15
26	44	62	19	37	55	24	42	60
71	8	53	64	1	46	69	6	51

62	2	222	220	8	10	214	213	212	16	18	206	204	24	64
126	78	26	198	196	32	11	189	207	34	190	188	40	80	100
128	122	94	42	182	7	35	173	183	203	180	48	96	104	98
50	124	118	110	3	31	51	165	167	179	199	112	108	102	176
52	70	120	201	75	159	155	153	83	87	79	25	106	156	174
54	72	205	181	141	95	135	133	103	99	85	45	21	154	172
170	209	185	169	145	125	111	121	107	101	81	57	41	17	56
211	187	171	163	149	129	109	113	117	97	77	63	55	39	15
168	9	33	49	69	89	119	105	115	137	157	177	193	217	58
60	82	5	29	65	127	91	93	123	131	161	197	221	144	166
66	142	90	1	147	67	71	73	143	139	151	225	136	84	160
158	140	92	114	223	195	175	61	59	47	27	116	134	86	68
152	88	130	184	44	219	191	53	43	23	46	178	132	138	74
76	146	200	28	30	194	215	37	19	192	36	38	186	148	154
162	224	4	6	218	216	12	13	14	210	208	20	22	202	164

図 **57**　2 種類の見事な魔方陣

ビクトリア時代の人々もまた，この種の娯楽パズルを楽しんだ．何人もの愛好家がチェス盤上のナイトの巡歴(第2章および第6章を参照のこと)から生じる魔方陣を作り出した．ナイトが訪れるマスの順番から，8次の準魔方陣ができる．すなわち，それぞれの行と列に並んだ数の和は260になるが，対角線に並んだ数の和は260にならない(図58(a))．残念ながら，このナイトの巡歴という性質をもつ8×8の魔方陣は存在しない．

これらのなかでもっとも独創的なものは，ベンジャミン・フランクリンが作った16×16の準魔方陣である(図58(b))．この準魔方陣には，次のような興味深い性質がある．

- それぞれの行や列に並んだ数の和は，魔法和である2056になる．
- それぞれの行の半分や列の半分に並んだ数の和は，魔法和の半分の1028になる．
- 4隅のマスと中央の4マスの数の和は1028になる．
- この魔方陣の任意の位置に置いた4×4の窓から見える16個の数の和は2056になる．

ラテン方陣

レオンハルト・オイラーも魔方陣に興味をもち，「ラテン方陣」から次に示すような方法で魔方陣を作った．$n\times n$ **ラテン方陣**，あるいは，n次のラテン方陣は，n種類の記号を正方形の配列に並べて，それぞれの記号がそれぞれの行や列にちょうど1回だけ現れるようにしたものである．さまざまな出典に現れる3次，4次，5

63	22	15	40	1	42	59	18
14	39	64	21	60	17	2	43
37	62	23	16	41	4	19	58
24	13	38	61	20	57	44	3
11	36	25	52	29	46	5	56
26	51	12	33	8	55	30	45
35	10	49	28	53	32	47	6
50	27	34	9	48	7	54	31

(a)

200	217	232	249	8	25	40	57	72	89	104	121	136	153	168	185
58	39	26	7	250	231	218	199	186	167	154	135	122	103	90	71
198	219	230	251	6	27	38	59	70	91	102	123	134	155	166	187
60	37	28	5	252	229	220	197	188	165	156	133	124	101	92	69
201	216	233	248	9	24	41	56	73	88	105	120	137	152	169	184
55	42	23	10	247	234	215	202	183	170	151	138	119	106	87	74
203	214	235	246	11	22	43	54	75	86	107	118	139	150	171	182
53	44	21	12	245	236	213	204	181	172	149	140	117	108	85	76
205	212	237	244	13	20	45	52	77	84	109	116	141	148	173	180
51	46	19	14	243	238	211	206	179	174	147	142	115	110	83	78
207	210	239	242	15	18	47	50	79	82	111	114	143	146	175	178
49	48	17	16	241	240	209	208	177	176	145	144	113	112	81	80
196	221	228	253	4	29	36	61	68	93	100	125	132	157	164	189
62	35	30	3	254	227	222	195	190	163	158	131	126	99	94	67
194	223	226	255	2	31	34	63	66	95	98	127	130	159	162	191
64	33	32	1	256	225	224	193	192	161	160	129	128	97	96	65

(b)

図 58 2 種類の見事な準魔方陣

1	2	3
2	3	1
3	1	2

IGNIS			
IGNIS	AER	AQVA	TERRA
AER	IGNIS	TERRA	AQVA
AQVA	TERRA	IGNIS	AER
TERRA	AQVA	AER	IGNIS

فلان	الرحيم	الرحمن	الله	بسم
بسم	فلان	الرحيم	الرحمن	الله
الله	بسم	فلان	الرحيم	الرحمن
الرحمن	الله	بسم	فلان	الرحيم
الرحيم	الرحمن	الله	بسم	فلان

図 59　3 種類のラテン方陣

次のラテン方陣を図 59 に示す．その例は，悪霊を撃退するために考案された魔除けにも現れる，1000 年前にまで遡る．

ラテン方陣が与えられたときに，その行や列を入れ替えたり，記号を置換したりして別のラテン方陣を得ることができる．したがって，記号 1, 2, ..., n から作られる $n\times n$ ラテン方陣に対して，左端の列および一番上の行が 1, 2, ..., n の順に並ぶようにすることができる．このようなラテン方陣は，**正規化された**ラテン方陣と呼ばれる．次のラテン方陣は，その一例である．

$$\begin{array}{cccc} 1 & 2 & 3 & 4 \\ 2 & 1 & 4 & 3 \\ 3 & 4 & 1 & 2 \\ 4 & 3 & 2 & 1 \end{array}$$

数独は，ラテン方陣のよく知られた一形態である．数独は，部分的に数が配置された 9×9 の正方形の配列のそれぞれの列，行，そして，9 個の 3×3 のブロックすべてに 1 から 9 までの数が含まれるようにして，完成させるというパズルである(図 60)．

ラテン方陣は，とくに 1930 年代の R. A. フィッシャーと F. イェーツやその後継者による農業試験の計画において広く使われてきた．小麦畑で 5 種類の肥料を調べたいとしよう．これらの肥料を

				3		6		
4		5	8			1		
6		7	9					8
		4						
			1	2	3			
						7		
7					1	5		2
		6			7	8		9
		8		4				

9	8	1	5	3	2	6	7	4
4	2	5	8	7	6	1	9	3
6	3	7	9	1	4	2	5	8
3	1	4	7	6	8	9	2	5
5	7	9	1	2	3	4	8	6
8	6	2	4	9	5	7	3	1
7	9	3	6	8	1	5	4	2
2	4	6	3	5	7	8	1	9
1	5	8	2	4	9	3	6	7

図 60　数独の問題と解

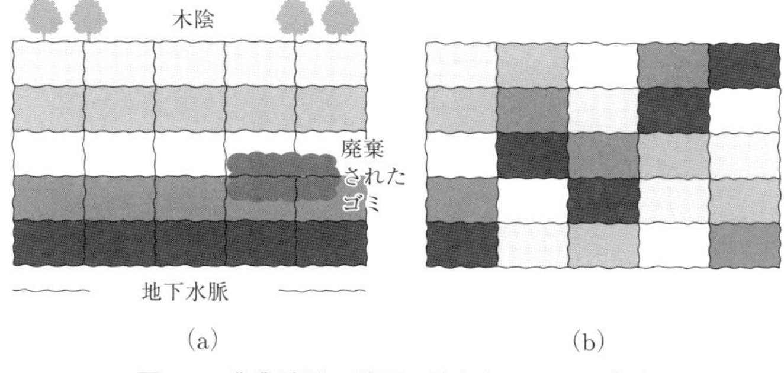

図 61　農業試験の計画で使われるラテン方陣

比較する単純な方法は，畑を5本の平行な帯状部分に分けて，それぞれの帯状部分で1種類の肥料を調べることかもしれない．しかし，これでは，畑の一方の縁に沿って木立が影を落としたり，なかほどに廃棄されたゴミがあったりすると，不正確な結果しか得られないだろう(図 61(a))．ラテン方陣になるように畑を小区画に分割すると，このような誤差を減らせるかもしれない(図 61(b))．

ラテン方陣の数え上げと構成

与えられた次数 n に対して，$n \times n$ ラテン方陣は何通りあるだろうか．

$n \leqq 11$ の場合にしか，その答えは分かっていない．左端の列と一番上の行が 1, 2, …, n の順になるように正規化すると，2×2 ラテン方陣と 3×3 ラテン方陣はただ一つしかない．そして，4×4 ラテン方陣は，次に示すように 4 通りある．

```
1 2   1 2 3   1 2 3 4   1 2 3 4   1 2 3 4   1 2 3 4
2 1   2 3 1   2 1 4 3   2 1 4 3   2 3 4 1   2 4 1 3
      3 1 2   3 4 1 2   3 4 2 1   3 4 1 2   3 1 4 2
              4 3 2 1   4 3 1 2   4 1 2 3   4 3 2 1
```

このあと，この値は急激に増加し，5 次の正規化されたラテン方陣は 56 通り，6 次は 9408 通り，そして 7 次は 1600 万通り以上になる．11 次の正規化されたラテン方陣の数はなんと 48 桁にも及ぶ．（これは，組合せ爆発の一例である．）

数独のパターンもまた数えられている．対称性を無視すると，その総数は 6,670,903,752,021,072,936,960 通りになる．これは，2005 年に B. フェルゲンハウアーと F. ジャーヴィスが数えた結果である．しかし，たとえば，1 から 9 までの数は 9! 通りに並べ替えることができ，いくつかの行や列は，3×3 のブロック構造に影響を与えることなく入れ替えることができるといった，さまざまな対称性を考慮に入れると，本質的に異なるパターンの総数は 5,472,730,538 通りにすぎない．

与えられた任意の数 n に対して，n 次のラテン方陣は簡単に構成することができる．特別な種類のラテン方陣として，巡回方陣がある．巡回方陣では，記号が同じ順序で巡回して現れ，それぞれの記号は次の行では１マスだけ左に移動し，したがって，それぞれの行の左端の記号は次の行では右端に現れる．これを具体的に書き表すと，左端のラテン方陣になる．

```
1 2 3 4 5    1 2 3 4 5    1 2 3 4 5    1 2 3 4 5
2 3 4 5 1    3 4 5 1 2    4 5 1 2 3    5 1 2 3 4
3 4 5 1 2    5 1 2 3 4    2 3 4 5 1    4 5 1 2 3
4 5 1 2 3    2 3 4 5 1    5 1 2 3 4    3 4 5 1 2
5 1 2 3 4    4 5 1 2 3    3 4 5 1 2    2 3 4 5 1
```

この考え方は，それぞれの記号が次の行では左にもっと多く移動するように拡張できる．上記の右の３種類の 5×5 ラテン方陣は，それぞれの記号は次の行ではそれぞれ 2, 3, 4 マスだけ左に移動している．それぞれのラテン方陣では，すべての行は１行目の記号の並びの巡回置換になっていて，同様に，すべての列は１列目の記号の並びの巡回置換になっていることに注意しよう．しかしながら，この**巡回構成法**は，行ごとに記号の移動するマス数が，方陣の次数と互いに素であるときにしかラテン方陣にならない．なぜなら，そうでない場合には，記号が同じ並びになる行や列が繰り返すことになるからである．

ラテン方陣は，１行目から始めて，どの列にも同じ記号が２回現れないように気をつけながら１行ずつ構成することもできる．たとえば，１行目がＡＢＣＤＥならば，２行目としてＤＣＥＢＡを選び，３行目としてＥＡＤＣＢを選ぶというように続けて，次のように構成することができる．

A B C D E	A B C D E	A B C D E	A B C D E	A B C D E
	D C E B A	D C E B A	D C E B A	D C E B A
		E A D C B	E A D C B	E A D C B
			C E B A D	C E B A D
				B D A E C

この手続きがいつもうまくいくことを示すために，第4章で述べたホールの「結婚定理」を思い出そう．$n \times n$ ラテン方陣の最初の m 行がすでにできていると仮定する．このとき，その次の行をどのように構成すればよいだろうか．

$E=\{1,2,\ldots,n\}$ および $F=(S_1,S_2,\ldots,S_n)$ として，それぞれの集合 S_i は i 列目に現れていない記号からなる集合とする．たとえば，前述の例で3行目を選んだあとでは，1列目には記号A，D，Eが含まれるので，$S_1=\{\mathrm{B},\mathrm{C}\}$ である．同様にして，$S_2=\{\mathrm{D},\mathrm{E}\}$，$S_3=\{\mathrm{A},\mathrm{B}\}$，$S_4=\{\mathrm{A},\mathrm{E}\}$，$S_5=\{\mathrm{C},\mathrm{D}\}$ となる．F に属する集合に(次の行を与える)横断集合があることを示すためには，ホールの定理によって，それぞれの k に対して，集合 S_i の任意の k 個の和集合が少なくとも k 個の相異なる記号を含むことを示さなければならない．それぞれの集合 S_i は $n-m$ 個の記号を含むので，それらの k 個の和集合は，重複も含めて $k(n-m)$ 個の記号を含む．しかし，この和集合に含まれる相異なる記号が k 個よりも少ないならば，$n-m$ 回よりも多く現れる記号が少なくとも一つあることになり，それぞれの記号はちょうど $n-m$ 回現れるという事実と矛盾する．したがって，それぞれの k に対して，集合 S_i の任意の k 個の和集合は，少なくとも k 個の相異なる記号を含まなければならない．すると，ホールの定理によって，F には横断集合があり，それが追加すべき次の行になる．この手続きを繰り返すと，やがてはラテン方陣の完成にたどりつく．前述の例では，4 行目として横断集合ＣＥＢＡＤを選ぶことができる．この手順を繰り返すと，最後の行として横断集合ＢＤＡＥＣが得られる．

直交ラテン方陣

直交ラテン方陣の集合の概念は，理論としても実用的な例としても重要である．1612 年に，バシェ・ド・メジリアックはカード・パズルを使って，16 種類の絵札を 4×4 の正方形に並べて，マーク(ダイヤ，ハート，スペード，クラブ)がラテン方陣になり，同じくランク(ジャック，クイーン，キング，エース)もラテン方陣になるようにできるかと問うた．その答えは次の通りである．

K♣	Q♢	J♠	A♡
J♡	A♠	K♢	Q♣
A♢	J♣	Q♡	K♠
Q♠	K♡	A♣	J♢

それぞれのマークとランクが組になって現れるのは，ちょうど 1 回だけである．このように同時にラテン方陣になる対は，直交するという．

一般に，二つの $n\times n$ ラテン方陣は，重ね合わせたときに，それぞれのマスに n^2 通りの可能な記号の対がそれぞれちょうど 1 回ずつ現れるならば，直交する．たとえば，次の二つの 3×3 ラテン方陣は直交する．なぜなら，それらを重ね合わせると，1 から 3 までの数を 2 個一組にしたものがそれぞれちょうど 1 回ずつ現れるからである．

1	2	3	1	2	3	11	22	33
2	3	1	3	1	2	23	31	12
3	1	2	2	3	1	32	13	21

同様にして，次の二つの 5×5 ラテン方陣は直交する．なぜなら，これらを重ね合わせると，右側に示したように，大文字と小文字を組み合わせたそれぞれの対がちょうど 1 回ずつ現れるからである．

A	B	C	D	E	a	b	c	d	e	Aa	Bb	Cc	Dd	Ee
C	D	E	A	B	b	c	d	e	a	Cb	Dc	Ed	Ae	Ba
E	A	B	C	D	c	d	e	a	b	Ec	Ad	Be	Ca	Db
B	C	D	E	A	d	e	a	b	c	Bd	Ce	Da	Eb	Ac
D	E	A	B	C	e	a	b	c	d	De	Ea	Ab	Bc	Cd

このような直交するラテン方陣の対は，農業試験でも使われる．ラテン方陣になるように処置を配分して，正方形に配置された 25 本の果樹に対してさまざまな処置をしたいとしよう．たとえば，最初の季節には，一つ目の 5×5 ラテン方陣を使う．次の季節には別の処置の配分を用いたいが，最初の季節の処置の残存効果があるかもしれないので，両方の季節でどの 2 本の木も同じように処置されることは避ける必要があるだろう．したがって，次の季節には，前述の例での中央の 5×5 ラテン方陣などのように，前の季節に用いたラテン方陣と直交するラテン方陣を選ぶ．二つの季節で 25 本の木に適用された処置は，右側に示した重ね合わされた配置になる．

直交性の考え方は，ラテン方陣の対だけにとどまらず，さらに拡張することができる．なぜなら，同じ次数の 3 個以上のラテン方陣のどの2個も互いに直交しうるからである．**互いに直交するラテン方陣の集合**(MOLSと省略されることもある)は，ラテン方陣の集合で，それに属する任意の二つのラテン方陣が直交するようなものである．たとえば，ここまでに構成した4個の5×5ラテン方陣は互いに直交する．また，次の3個の4×4ラテン方陣も互いに直交する．

$$
\begin{array}{cccc}
1 & 2 & 3 & 4 \\
2 & 1 & 4 & 3 \\
3 & 4 & 1 & 2 \\
4 & 3 & 2 & 1
\end{array}
\qquad
\begin{array}{cccc}
1 & 2 & 3 & 4 \\
3 & 4 & 1 & 2 \\
4 & 3 & 2 & 1 \\
2 & 1 & 4 & 3
\end{array}
\qquad
\begin{array}{cccc}
1 & 2 & 3 & 4 \\
4 & 3 & 2 & 1 \\
2 & 1 & 4 & 3 \\
3 & 4 & 1 & 2
\end{array}
$$

n次のMOLSのラテン方陣は，多くとも$n-1$個にしかなりえないことに注意しよう．その理由は，それぞれのラテン方陣の一番上の行が1, 2, ..., nの順に並ぶように記号をつけかえ(これが直交性に影響することはない)，それぞれのラテン方陣の2行目の左端の記号を調べると分かる．その記号はすべて相異ならなければならず(なぜなら，これらのラテン方陣は直交するから)，いずれも1にはなりえない(それは1行目に現れているから)ので，この記号としてはたかだか$n-1$通りの可能性しかない．したがって，n次の互いに直交するラテン方陣は多くとも$n-1$個しかない．n次のMOLS $n-1$個からなる集合は**完全直交系**と呼ばれる．たとえば，前述の3個の4×4 MOLSや4個の5×5 MOLSは，いずれも完全直交系である．

ここで，次の問題を考えることができる．

どのようなnに対して，$n \times n$ラテン方陣の完全直交系が存在するだろうか.

さまざまな文献で示されているように，n が(2 以外の)素数か，または素数のべき乗であれば，完全直交系が存在する．そのような n を列挙すると次のようになる.

$$n = 3, 4, 5, 7, 8, 9, 11, 13, 16, 17, 19, 23, 25, 27, 29, \ldots$$

1922 年に，H. F. マクネイシュは，この結果を一般化し，n の素因数分解が $p_1{}^a \times p_2{}^b \times \cdots \times p_k{}^z$ であれば，n 次の MOLS の個数は少なくとも $\min(p_1{}^a, p_2{}^b, \ldots, p_k{}^z)-1$ であることを示した．たとえば，$n=360=2^3\times3^2\times5$ の場合は，少なくとも $\min(8,9,5)-1=4$ 個の MOLS がある．$n=p^r$ という素数のべき乗の場合には，この公式は，正しい結果である p^r-1 を与える.

オイラーの 36 士官の問題

オイラーのラテン方陣(これはオイラーがつけた名称である)との関わり合いは，魔方陣に対する関心から生じたものである．1782 年に，オイラーは，「新種の魔方陣に関する研究」と題する詳細な論文において 3 次，4 次，5 次，6 次のラテン方陣の作り方を示し，それらの性質について記述した.

この論文において，オイラーは，直交するラテン方陣の対からどのようにして魔方陣を構成するかを示した．その一例として，オイラーによる二つの直交する 3 次のラテン方陣から始める．対応する記号を足し合わせ，$\alpha=1$, $\gamma=2$, $\beta=3$ および $a=0$, $c=3$, $b=6$ とする(したがって，$a+\gamma=2$, $b+\beta=9$ のようになる)と，次のように洛書の魔方陣が得られる.

$a\gamma$	$b\beta$	$c\alpha$	$a+\gamma$	$b+\beta$	$c+\alpha$	2	9	4
$b\alpha$	$c\gamma$	$a\beta$	$b+\alpha$	$c+\gamma$	$a+\beta$	7	5	3
$c\beta$	$a\alpha$	$b\gamma$	$c+\beta$	$a+\alpha$	$b+\gamma$	6	1	8

そして，オイラーは，同様の方法によって，(3 次の場合と同じ) 公差 1 と公差 4 (魔方陣の次数) の等差数列から 4×4 の魔方陣を構成した.

オイラーは，3 次，4 次，5 次の直交するラテン方陣の対を構成したが，直交する 6×6 ラテン方陣の対を見つけられなかった. 1782 年の論文の冒頭で，オイラーはそのような対を見つける次のような問題を提示した.

> **36 士官の問題**：相異なる 6 連隊からの相異なる 6 階級に属する 36 人の士官を，正方形の配列に並べて，それぞれの行に 6 階級すべての士官を含み，それぞれの列に 6 連隊すべての士官を含むようにせよ.

オイラーはこのように並べるのは不可能だと考え，さらに，

$$n = 6, 10, 14, 18, 22, 26, \dots$$

の場合，すなわち，n がある整数 k に対して $4k+2$ という形の場合には，直交する $n\times n$ ラテン方陣の対は存在しないと予想した. (この場合には，マクネイシュの結果は役に立たない. なぜなら，n の素因数分解に含まれる素数のべき乗の一つは 2^1 なので，直交するラテン方陣の数は少なくとも $2-1=1$ 個になり，これでは何もわからないからである.)

オイラーの予想は正しかったのか．直交する6次のラテン方陣の対が存在しないという点に関しては，オイラーは正しかった．結局，1900年にガストン・タリーが網羅的な探索を行って，その事実は確かめた．しかし，そのほかの次数については見事に間違っていた．オイラーが36士官の問題を提示してからほぼ2世紀あとの1959年に，インドのR. C. ボーズとS. S. シュリカンデ，そして米国のE. T. パーカーという3人の組合せ論研究者が，オイラーが予想した残りの次数すべてにおいて直交するラテン方陣の対が存在することを証明し，世界を驚かせた．この3人は，のちに「オイラー潰し」として知られることになる．この注目に値する成果は，ニューヨーク・タイムズ紙の一面を飾った．この章は，直交する10×10ラテン方陣の対で締めくくろう．大文字が一方のラテン方陣を構成し，小文字がもう一つのラテン方陣を構成する．

Aa	Bb	Cc	Dd	Ee	Ff	Gg	Hh	Ii	Jj
Bf	Ai	Hg	Ij	Ja	De	Ch	Ec	Gd	Fb
Cb	Dc	Jd	Ea	Fh	Gi	Bj	Ae	Hf	Ig
Dh	Cf	Bi	Ag	Hj	Ia	Je	Fd	Eb	Gc
Ei	Fj	Ge	Jf	Ib	Hc	Ad	Dg	Ca	Bh
Fg	Ga	Ih	Hb	Ac	Bd	Ef	Ji	Dj	Ce
Gj	He	Ab	Bc	Cd	Eh	Fi	If	Jg	Da
Hd	Eg	Fa	Gh	Di	Jb	Ic	Cj	Be	Af
Ie	Jh	Df	Ci	Bg	Aj	Ha	Gb	Fc	Ed
Jc	Id	Ej	Fe	Gf	Cg	Db	Ba	Ah	Hi

8　デザインと幾何学

ある商品のいくつかの種類を比較することに関する次の二つの問題を考えてみよう．

消費者団体が，洗剤の 7 種類の銘柄を比較したいと考え，いくつかの試験を割り当てる．しかし，それぞれの試験者が 7 銘柄すべてを比較するのは無駄が多かったり手間がかかったりするので，それぞれの試験者は 3 銘柄だけを比較することに決めた．それぞれの銘柄は同じ回数だけ試験され，どの二つの銘柄も直接比較されなければならないとすると，どのように試験を計画すればよいだろうか．
農家が豚の餌 11 種類を比較したいが，やはり経済性と手間を理由に，それぞれの試験では 5 種類だけを使うように実験を配分する必要がある．どの 2 種類も同じ回数だけ直接比較されなければならないとすると，どのように試験を計画すればよいだろうか．

最初の問題では，7 種類の銘柄を A, B, C, D, E, F, G と呼ぼう．この銘柄を，7 人の試験者に次のように割り当てる．

1	2	3	4	5	6	7
A	B	C	D	E	F	G
B	C	D	E	F	G	A
D	E	F	G	A	B	C

それぞれの試験者はちょうど3銘柄を比較し(たとえば，試験者2は銘柄B, C, Eを比較する)，それぞれの銘柄は3人の試験者に試験される(たとえば，銘柄Eは，試験者2, 4, 5に試験される)．さらに，どの二つの銘柄も，1人の試験者によって直接比較される(たとえば，銘柄BとFは，試験者6によって比較される)．

2番目の問題では，それぞれの段階では，11種類の豚の餌のうちの5種類が比較される．11回の試験による実験を次のように構成する．

1	2	3	4	5	6	7	8	9	10	11
A	A	A	A	A	B	B	B	C	C	D
B	B	C	D	E	C	D	E	E	F	G
C	F	D	F	H	D	E	G	F	H	I
G	I	E	G	J	H	F	H	G	I	J
J	K	I	H	K	K	J	I	K	J	K

それぞれの試験はちょうど5種類の餌を含み，それぞれの種類の餌は5回の試験に使われる(たとえば，餌Eは試験3, 5, 7, 8, 9に使われる)．さらに，任意の2種類の餌は，2回の試験で直接比較される(たとえば，餌BとFは，試験2と7で比較される)．

このような試験の配分はそれぞれ釣合い型ブロックデザイン(簡単にデザインともよばれる)の一例である．この章では，さまざまな種類のブロックデザインを紹介し，それらを**有限射影平面**と呼ばれる幾何学的対象や第7章で見た直交ラテン方陣と結びつける．

ブロックデザイン

ここまでに見たように，何種類かの商品を比較するような試験を計画するとき，経済性やそのほかの理由によって，個々の試験ではすべての品種を比較することができないかもしれない．実際にはそのようなことはないかもしれないが，簡単のために，それぞれの試験では同数の品種を使うと仮定する．たとえば，農家は何種類かの大麦を試してみたいが，利用できる農場の大きさはばらばらかもしれないし，消費者団体は製品を比較したいが，製品のいくつかは数が足りないかもしれない．

ブロックデザインは，v 品種からなる集合を b 個のブロックに振り分けることで構成される．ここでは，さらに次のことを仮定する．

> それぞれのブロックはいずれも同数(k 種類)の品種を含み，それぞれの品種はいずれも同数(r 個)のブロックに現れる(このようなデザインは，**等反復デザイン**と呼ばれることもある)．

それぞれのブロックに現れる品種の順序は問題にしないが，これまでと同じように，ブロックは，すべての品種を含まない，すなわち，$k<v$ であるという意味で，**不完備**であると仮定する．ここまでに示した二つのデザインは，それぞれ $v=7$, $b=7$, $k=3$, $r=3$，および，$v=11$, $b=11$, $k=5$, $r=5$ というパラメータをもつ．

この二つのデザインはいずれも $v=b$ かつ $r=k$ であるが，一般には必ずしもそうなるわけではない．次のデザインは，$v=9$, $b=6$, $k=3$, $r=2$ である．

1	**2**	**3**	**4**	**5**	**6**
A	A	B	C	D	E
B	E	F	D	C	F
G	G	I	H	H	I

しかしながら，すべてのデザインは，

$$v\times r = b\times k$$

が成り立つ．

その理由は，このデザインに現れるすべての品種を 2 通りの方法で数えてみると分かる．v 種類の品種それぞれは r 回現れるので，延べ $v\times r$ 種類の品種がある．しかし，b 個のブロックそれぞれは k 種類の品種を含むので，合計で $b\times k$ 種類の品種になり，この二つの値は等しい．

この最後のデザインは，実験で用いるには不十分であることに注意しよう．なぜなら，まず，ブロック 4 と 5 では，まったく同じ品種の比較をしている．また，A と G は 2 回比較されるが，A と E は 1 回しか比較されず，A と F はまったく比較されない．さらに悪いことに，品種 A, B, E, F, G, I はいずれも，品種 C, D, H のいずれとも比較されない．

デザインにおいては，この章の冒頭の二つの例のように，任意の二つの品種が同じ回数だけ比較されるほうが好ましいことはあきらかだろう．そのようなデザインは釣合い型デザイン，あるいは，釣合い型不完備ブロックデザインと呼ばれる(しばしばBIBDと省略される)．任意の二つの品種が比較される回数は，通常 λ (ギリシャ文字のラムダ)で表記される．たとえば，前述の2種類の釣合い型デザインでは，それぞれ $\lambda=1$ および $\lambda=2$ である．

釣合い型ブロックデザインにおいて，パラメータ v, b, k, r と λ は独立ではない．$v\times r=b\times k$ であることはすでに分かっているが，さらに

$$r\times(k-1) = \lambda\times(v-1)$$

であることを示す．

その理由は，一つの品種Aを選んで，Aを含むブロックを調べて，それらのブロックに現れる(A以外の)品種の総数を2通りの方法で数えてみると分かる．Aを含む r 個のブロックそれぞれには，A以外の品種が $k-1$ 種類あるので，その総数は $r\times(k-1)$ である．しかし，A以外には $v-1$ 種類の品種があり，そのそれぞれはAと λ 回比較されるので，その総数は $\lambda\times(v-1)$ であり，この二つの値は等しい．

$v\times r=b\times k$ と $r\times(k-1)=\lambda\times(v-1)$ は，いずれもデザインが釣合い型になるための必要条件であるが，これらだけで十分ではない．なぜなら，この二つの条件を満たすデザインで，釣合い型でないものが存在するからである．デザインが釣合い型であるためのまた別の必要条件として，**フィッシャーの不等式**として知られている $v\leqq b$ がある．この名称は，農業試験のデザインの研究をしていたR. A. フィッシャーが1940年にこれを発表したことにちなむ．$v=b$ であるような釣合い型デザインは，必然的に $k=r$ であり，**対称デザイン**と呼ばれる．この章の冒頭で紹介した二つの釣合い型デ

ザインは，いずれも対称デザインである．

それでは，特別な種類の釣合い型デザインに目を向けることにしよう．

三重系

$k=3$ かつ $\lambda=1$ であるような釣合い型デザインは(シュタイナーの)三重系と呼ばれる．これは，誤って19世紀のスイスの幾何学者ヤコブ・シュタイナーの功績とされたことで，その名前が冠されている．三重系の一例として，この章の冒頭で述べた最初のデザインがある．これは，$v=b=7$, $k=r=3$ をパラメータとし，$\lambda=1$ である対称デザインである．また別の例として，$v=9$, $b=12$, $k=3$, $r=4$ をパラメータとし，$\lambda=1$ である次の非対称デザインがある．

1	**2**	**3**	**4**	**5**	**6**	**7**	**8**	**9**	**10**	**11**	**12**
A	A	A	A	B	B	B	C	C	C	D	G
B	D	E	F	D	E	F	D	E	F	E	H
C	G	I	H	I	H	G	H	G	I	F	I

$k=3$ と $\lambda=1$ を条件 $v\times r=b\times k$ および $r\times(k-1)=\lambda\times(v-1)$ に代入すると，$v\times r=3b$ および $v=2r+1$ であることが分かる．したがって，v は奇数で $b=vr/3=v(v-1)/6$ である．たとえば，$v=7$, $b=7$ の場合や $v=9$, $b=12$ の場合はすでに見た．さらに，b は整数でなければならないので，$v(v-1)$ は6で割り切れなければならない．これは，ある整数 n に対して v が $6n+1$ か $6n+3$ という形式でなければならないことを意味する．すなわち，v は6で割った余りが1か3だということである．このような数は

$$7, 9, 13, 15, 19, 21, 25, 27, 31, 33, \ldots$$

と続く．

当初，これらの値すべてに対して三重系が存在するかどうかは分かっていなかった．しかし，1846年に(第6章でも登場した)トーマス・カークマン牧師が，それぞれの値に対する三重系を構成する方法を示した．今では，$v=7$ や $v=9$ の場合には，三重系は本質的に一つしかないことが分かっている．(前者は，この章の冒頭で述べた例であり，後者は，前述の非対称デザインである．) $v=13$ の場合には2通り，$v=15$ の場合は80通り，そして，$v=19$ の場合には少なくとも11,084,874,829通りの三重系がある．ここでも組合せ爆発が起きている．

v 品種のブロックデザインは，そのブロックが，それぞれがすべての品種をちょうど1回ずつ含む反復と呼ばれる部分デザインに並べ直すことができるならば，分解可能である．たとえば，この章の冒頭で紹介した $v=9$ の三重系は，そのブロックを次のような4個の反復に並べ直すことができるので，分解可能である．それぞれの反復は，AからIまでの9品種すべてを含むことに注意しよう．

1	**11**	**12**	**2**	**6**	**10**	**3**	**7**	**8**	**4**	**5**	**9**
A	D	G	A	B	C	A	B	C	A	B	C
B	E	H	D	E	F	E	F	D	F	D	E
C	F	I	G	H	I	I	G	H	H	I	G

このデザインは，4年間かけて行う実験の結果と考えることができる．3個のブロックからなるそれぞれの反復が1年に対応する．最初の年には，AとBとC，DとEとF，GとHとIを比較し，次

の年には，AとDとG，BとEとH，CとFとIを比較するというように続けられる．

三重系では，それぞれのブロックに3品種が含まれる．このことから，三重系が分解可能ならば，品種の数は3で割り切れなければならない．すなわち，ある整数nに対して$v=6n+3$であり，したがって，$v=9, 15, 21, 27, \ldots$である．すると，このようなデザインのブロックの個数は

$$\frac{v(v-1)}{6} = (2n+1)(3n+1)$$

になる．

歴史的にとくに興味深いのは，$n=2$に対応する15品種と35個のブロックをもつ分解可能三重系である．『淑女と紳士の日記』の1850年号において，カークマンは，A, B, ..., Oの15品種に対して，1週間に対応する7個の反復をもつ分解可能三重系を作るという問題を次のように提示した．この問題は，今では**カークマンの女学生の問題**として知られている．

> 学校で15人の女学生が7日間連続して3人ずつ並んで歩く．並び方を毎日変えて，どの2人も一緒に歩くことが2回以上は起きないようにせよ．

カークマンの解は，『淑女と紳士の日記』の1851年号に示された．それは，次のようにうまく割り当てることができる．どの2人の女学生も一緒に歩くのは1日だけ，たとえば，FとKは，金曜日に一緒に歩くことに注意しよう．

月曜日：	A–B–C	D–E–F	G–H–I	J–K–L	M–N–O
火曜日：	A–D–G	B–E–H	C–L–O	F–J–N	I–K–M
水曜日：	A–J–M	B–K–N	C–F–I	D–H–L	E–G–O
木曜日：	A–E–K	B–F–L	C–G–M	D–I–N	H–J–O
金曜日：	A–H–N	B–I–O	C–D–J	F–G–K	E–L–M
土曜日：	A–F–O	B–D–M	C–H–K	E–I–J	G–L–N
日曜日：	A–I–L	B–G–J	C–E–N	F–H–M	D–K–O

英国の数学者ジェームズ・ジョセフ・シルベスターは，拡張された女学生の問題を提起した．女学生の3人組は $C(15,3)=455=13\times35$ 通りあることに気づいたシルベスターは，女学生の問題に対して互いに素な **13** 個の解を作ること，したがって，13週間に455通りの3人組それぞれが1回だけ現れるようにすることが可能かどうかを問題にした．カークマンは，その解があると(誤って)主張したが，1974年にR. デニストンによって肯定的に解かれるまで，この問題は100年以上も未解決であった．

一方で，カークマンの問題に対応する(13人ではなく)$6n+3$ 人の女学生の問題は，1969年にディジェン・レイ=チャウドゥーリとリック・ウィルソンによって解が与えられ，実際には，内モンゴルの教師ルー・ジア・ジーがその約8年前に独立に解くまでは未解決であった．これに対応する $6n+3$ 人の女学生に対して互いに素な解を求めるシルベスターの問題は，今日でも未解決のままである．

有限射影平面

ブロックデザインについては次節で立ち戻ることにして，しばらくの間，別の方向で調べてみよう．**7 点射影平面**，あるいは，19 世紀のイタリアの幾何学者ジノ・ファノにちなんで名づけられた**ファノ平面**を図 62 (a)に示す．これは，7 個の点 A, B, C, D, E, F, G と，それらを通る 7 本の直線 ABC, ADE, AFG, BEF, CDF, CGE, BDG を配置したものである．（最後の直線 BDG は，図のなかに収めることができるよう曲がっているが，そうであったとしても直線とみなす．）それぞれの直線上にはちょうど 3 個の点があり，それぞれの点はちょうど 3 本の直線が通ることに注意しよう．以降では，直線がまっすぐかどうかは気にしないし，直線上に点がどのような順序で並んでいるかも気にしない．重要なのは，どの点がどの直線上にあるか，そして，どの直線がどの点を通るかだけである．

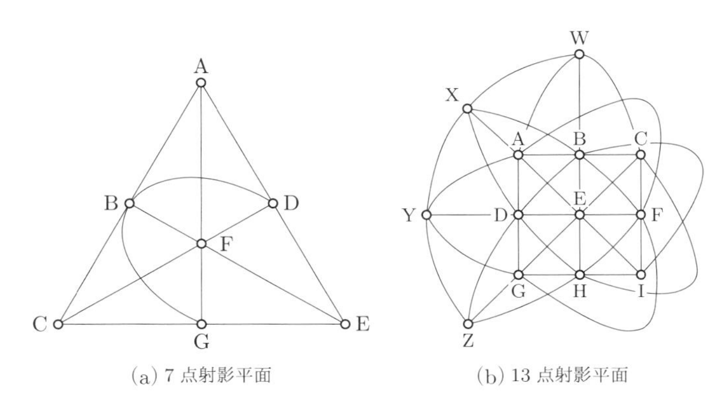

図 62　7 点射影平面と 13 点射影平面

図 62 (b)に示したのは，**13 点射影平面**である．これは，13 個の点 A, B, C, D, E, F, G, H, I, W, X, Y, Z とそれらを通る 13 本の直線を配置したものである．WXYZ 以外の直線は，W を通る列(WADG, WBEH, WCFI)，Y を通る行(YABC, YDEF, YGHI)，そして，X を通る「**曲がった対角線**」(XAEI, XBFG, XDHC)，Z を通る曲がった対角線(ZGEC, ZDBI, ZHFA)である．それぞれの直線上にはちょうど 4 個の点があり，それぞれの点はちょうど 4 本の直線が通ることに注意しよう．

点と直線の数が任意に与えられたときに，同じような結合構造を作ることができるだろうか．

これを調べるために，**有限射影平面**を，次の性質をもつ有限個の点と有限本の直線の配置と定義する．

- 任意の 2 点を通る直線は，ちょうど 1 本だけある．
- 任意の 2 直線は，ちょうど 1 点で交わる．

有限射影平面は通常のユークリッド平面と異なることに注意しよう．ユークリッド平面では，2 本の直線は平行でないならば，ちょうど 1 点で交わる．この強調した部分を取り除くと，私たちが使っている幾何学とはまったく異なる種類の幾何学が作られる．なぜなら，その場合には，点が直線上にあることに関する任意の言明に対応して，直線が点を通ることに関する言明が作り出せ，また，その逆も成り立つという「双対性」，あるいは点と直線の間に対称性があるからである．

また，次のことを仮定する．

少なくとも 4 個の点があり，それらのうちのどの 3 点も同一直線上にはない．

この前提を置くのは，すべての点がたった 1 本の直線上にあるような自明な場合を避けるためである．双対性によって，次のことが演繹できる．

少なくとも 4 本の直線があり，それらのうちのどの 3 本も 1 点で交わることはない．

ここで，次の命題を示す．

L_1 と L_2 を 2 本の直線とすると，L_1 上にも L_2 上にもない点が存在する．

図 63 (a)のように，直線 L_1 上に 2 点 A と B を選び，直線 L_2 上に 2 点 C と D を選ぶと，A と C を通る直線と，B と D を通る直線(これらは前述の 1 番目の性質によって存在する)は，(2 番目の性質によって)点 O で交わらなければならない．この点 O は，L_1 上にも L_2 上にもない．
また，この手順を逆転させて，次の命題を示すことができる．

任意の 2 直線は，同じ個数の点を含む．

2 本の直線 L_1，L_2 と点 O がこのようになっているとしたら，O

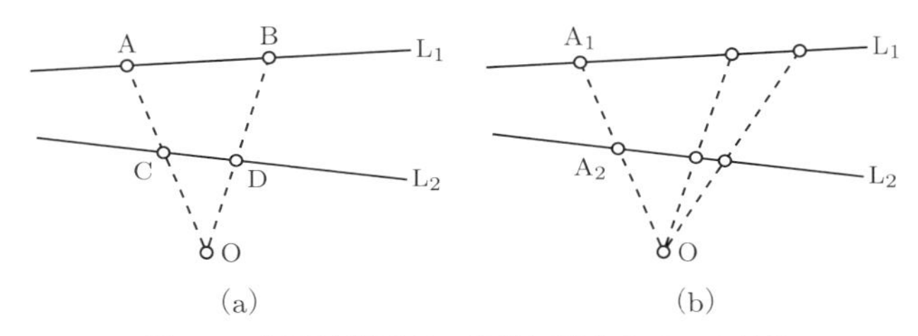

図 **63**　有限射影平面の直線に関する二つの結果

から L_1 上の各点 A_1 に引かれた直線は直線 L_2 と点 A_2 で交わる．そして，同じように，O から L_2 上の各点 A_2 に引かれた直線は直線 L_1 と点 A_1 で交わる(図 63(b))．これで，L_1 上の点と L_2 上の点を 1 対 1 対応させることができ，したがって，L_1 と L_2 は同じ数の点を含まなければならない．

有限射影平面は，それぞれの直線が $n+1$ 個の点を含むならば，位数 n をもつという．(n 個ではなく $n+1$ 個である理由は，のちほどあきらかになる．) したがって，それぞれの直線上に 3 個の点がある 7 点射影平面の位数は 2 であり，それぞれの直線上に 4 個の点がある 13 点射影平面の位数は 3 である．すると，次のように問うことができる．

位数 n の射影平面には全部で何個の点と何本の直線があるか．

図 64 に示したように，点 O を通る直線，すなわち，O から L_1 上の $n+1$ 個の点それぞれに引いた直線は，$n+1$ 本ある．しかし，これらの直線にはそれぞれ O 以外に n 個の点があるので，点の総数は $n\times(n+1)$ に点 O 自体として 1 を加えたものになる．すなわち，$n(n+1)+1=n^2+n+1$ 個の点があり，双対性によって，n^2+n+1 本の直線がある．たとえば，すでに分かっているように，位数

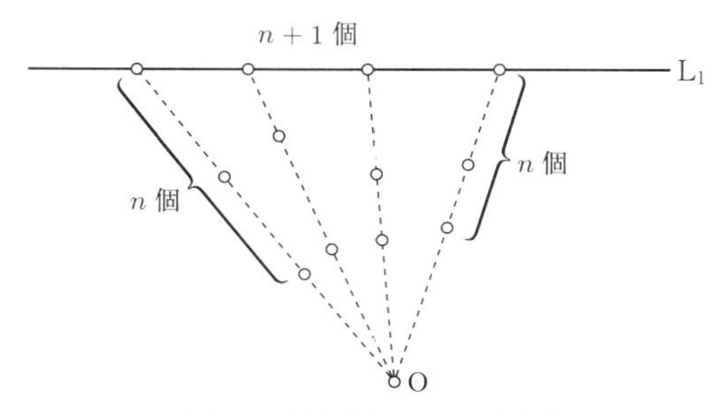

図 64　射影平面の点を数える

2 の射影平面には $2^2+2+1=7$ 個の点と 7 本の直線があり，位数 3 の射影平面には，$3^2+3+1=13$ 個の点と 13 本の直線がある．

したがって，点および直線の総数がある数 n に対して n^2+n+1 である場合にだけ，射影平面は存在しうる．たとえば，点や直線の総数が $4^2+4+1=21$ や $5^2+5+1=31$ の射影平面が存在する．しかし，$6^2+6+1=43$ 個の点と 43 本の直線をもつ射影平面は存在するだろうか．さらに一般に，

n のすべての値に対して位数 n の有限射影平面は存在するか．

この問いに答える前に，アフィン平面について説明しよう．図 62 (b)の 13 点射影平面から直線 WXYZ と点 W, X, Y, Z を取り除くと，図 65 に示したような 3 列(ADG, BEH, CFI)，3 行(ABC, DEF, GHI)，そして，2 組の曲がった 3 本の対角線(AEI, BFG, DHC と GEC, DBI, HFA)をもつ格子状に並んだ 9 点が得られる．一般には位数 n の射影平面から 1 本の直線とその直線上の $n+1$ 個の点を取り除くと，それぞれの直線が n 個の点を含み，それぞれの点は $n+1$ 本の直線上にあるような n^2 個の点と n^2+n 本の直線

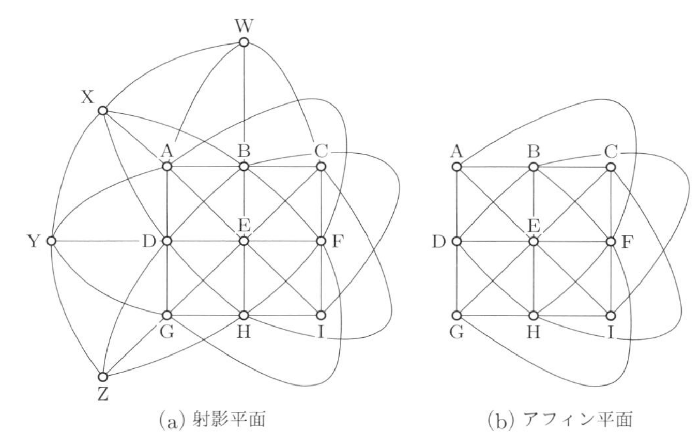

(a) 射影平面　　(b) アフィン平面

図 65　射影平面からアフィン平面が得られ，また，アフィン平面から射影平面が得られる

からなる格子状のパターンが得られる．このような結合構造は，**位数 $\boldsymbol{n}$ のアフィン平面**と呼ばれる．

この逆の手続きを考えることもできる．位数 n のアフィン平面から始めて，うまい点を通る直線を追加すると，位数 n の射影平面が得られる．

射影平面，アフィン平面，ラテン方陣との関係

射影平面とこれまでに紹介したいくつかの話題の間には密接な関係がある．まず，

すべての有限射影平面は，釣合い型対称デザインを作り出す．

たとえば，点 A, B, C, D, E, F, G と直線 ABD, BCE, CDF,

DEG, EFA, FGB, GAC からなる 7 点射影平面を考える．これらの点を品種とみなし(したがって，$v=7$)，直線をブロックとみなす(したがって，$b=7$)と，この章の冒頭で示した次のブロックデザインが得られる．

1	**2**	**3**	**4**	**5**	**6**	**7**
A	B	C	D	E	F	G
B	C	D	E	F	G	A
D	E	F	G	A	B	C

それぞれの直線上には 3 個の点があり，それぞれの点は 3 本の直線上にある．したがって，それぞれのブロックは 3 品種を含み($k=3$)，それぞれの品種は 3 個のブロックに含まれる($r=3$)．また，任意の 2 点を通る直線はちょうど 1 本だけなので，任意の 2 品種がいっしょに現れるのはちょうど 1 個のブロックだけであり，このブロックデザインは $\lambda=1$ で釣り合っている．

同様にして，13 点射影平面から，$v=b=13$, $k=r=4$, $\lambda=1$ であるような次の釣合い型対称デザインを作り出す．

1	**2**	**3**	**4**	**5**	**6**	**7**	**8**	**9**	**10**	**11**	**12**	**13**
W	W	W	W	Y	Y	Y	X	X	X	Z	Z	Z
X	A	B	C	A	D	G	A	B	D	G	D	H
Y	D	E	F	B	E	H	E	F	H	E	B	F
Z	G	H	I	C	F	I	I	G	C	C	I	A

一般に，点と直線の数が n^2+n+1 であり，それぞれの直線上には $n+1$ 個の点があり，それぞれの点を通る直線は $n+1$ 本あるような位数 n の有限射影平面から，次のパラメータをもつ釣合い型

対称デザインが作り出される.

$$v = b = n^2+n+1,\ k = r = n+1,\ \lambda = 1$$

次に示すのは,

すべての有限アフィン平面は, 分解可能デザインを作り出す

ということである.

射影平面から1本の直線とその直線上の点を取り除くとアフィン平面が得られることを思い出そう. たとえば, 13点射影平面から最初のブロック WXYZ と品種 W, X, Y, Z を取り除くと, ブロックが9点アフィン平面の直線であるような次のデザインが得られる.

1	**2**	**3**	**4**	**5**	**6**	**7**	**8**	**9**	**10**	**11**	**12**
A	B	C	A	D	G	A	B	D	G	D	H
D	E	F	B	E	H	E	F	H	E	B	F
G	H	I	C	F	I	I	G	C	C	I	A

これは, v=9, b=12, k=3, r=4 であるような分解可能デザインであり, 4個の反復は, それぞれアフィン平面の列, 行, 2組の曲がった対角線に対応する.

一般に, 位数 n の射影平面から1本の直線とその直線上の n+1 個の点を取り除いて得られる位数 n のアフィン平面から, 次のパラメータをもつ分解可能ブロックデザインが得られる.

$$v = n^2,\ b = n^2+n,\ k = n,\ r = n+1$$

そして, 最後に次のことを示す.

すべての有限アフィン平面は，ラテン方陣の完全直交系に対応する．

その一例として，まず，9点アフィン平面から得られたデザインの右側の2個の反復を見てみよう．ここに，その2個の反復を，AからIまでのマスを3×3に並べたものといっしょに再掲する(図66)．

7	**8**	**9**	**10**	**11**	**12**
A	B	D	G	D	H
E	F	H	E	B	F
I	G	C	C	I	A

A	B	C
D	E	F
G	H	I

図66　3×3のマス

その一つ目の反復を使って，この3×3のマスを埋めてみる．ブロック7に対応して，マスA, E, Iに1を書き込む．ブロック8に対応して，マスB, F, Gに2を書き込み，ブロック9に対応して，マスD, H, Cに3を書き込む．これで，一つ目の3×3ラテン方陣が得られる．

同じ手順を二つ目の反復に対しても繰り返す．すなわち，マスG, E, Cに1を，マスD, B, Iに2を，マスH, F, Aに3を書き込む．これで，二つ目の3×3ラテン方陣が得られる．

これで，次のような3×3ラテン方陣の完全直交系が作り出された．

1	2	3		3	2	1
3	1	2		2	1	3
2	3	1		1	3	2

この手順は一般の場合にもうまくいき，また，手順を逆転させることもできる．すなわち，次のような位数4のラテン方陣の完全直交系と，AからPまでの文字を含むマスを考える(図67)．

1	2	3	4		1	2	3	4		1	2	3	4
2	1	4	3		3	4	1	2		4	3	2	1
3	4	1	2		4	3	2	1		2	1	4	3
4	3	2	1		2	1	4	3		3	4	1	2

A	B	C	D
E	F	G	H
I	J	K	L
M	N	O	P

図67　4×4のマス

これらから，16品種と12個のブロックをもつ分解可能ブロックデザインを次のように構成する．

一つ目の反復(ブロック1から4)については，4×4のマスの列(AEIM, BFJN, CGKO, DHLP)を用いる．

二つ目の反復(ブロック5から8)については，4×4のマスの行(ABCD, EFGH, IJKL, MNOP)を用いる．

三つ目の反復(ブロック9から12)については，一つ目のラテン方陣を用いる．1はマスのA, F, K, Pの位置に現れているので，これらを合わせてブロック9とする．同様にして，2はB, E, L, Oの位置に現れているので，これらを合わせてブロック10とし，3はC, H, I, Nの位置に現れているので，これらを合わせてブロック11とし，4はD, G, J, Mの位置に現れているので，これらを合わせてブロック 12 とする.

4 個目と 5 個目の反復(ブロック 13 から 16 とブロック 17 から 20)は，それぞれ二つ目のラテン方陣と三つ目のラテン方陣から同じようにして構成する.

1	**2**	**3**	**4**	**5**	**6**	**7**	**8**	**9**	**10**	**11**	**12**	**13**	**14**	**15**	**16**	**17**	**18**	**19**	**20**
A	B	C	D	A	E	I	M	A	B	C	D	A	B	C	D	A	B	C	D
E	F	G	H	B	F	J	N	F	E	H	G	G	H	E	F	H	G	F	E
I	J	K	L	C	G	K	O	K	L	I	J	L	K	J	I	J	I	L	K
M	N	O	P	D	H	L	P	P	O	N	M	N	M	P	O	O	P	M	N

このブロックデザインの反復は，期待どおり，16 個の点 A–P と 20 本の直線 1–20 をもつ位数 4 のアフィン平面の列，行，2 組の曲がった対角線になっている.

まとめると，次の構成法をどちら向きにでも実行することができる.

位数 n の射影平面↔位数 n のアフィン平面↔
分解可能ブロックデザイン↔位数 n のラテン方陣の完全直交系

この章の締めくくりとして，前に提示した次の問題に戻ろう.

どの数 n に対して位数 n の射影平面が存在するのか.

射影平面はラテン方陣の完全直交系に対応するので，n が素数または素数のべきならば，つねに位数 n のラテン方陣の完全直交系が存在するという第 7 章の結果を使うことができる．このことから，n が素数または素数のべきならば，つねに位数 n の射影平面が存在する.（位数 n の射影平面のそれぞれの直線上には n 個ではなく $n+1$ 個の点があることを要求した理由は，この主張を単純にするためである.）

しかしながら，オイラーの 36 士官の問題から，位数 6 の直交ラテン方陣の対は存在しないことが分かっている．したがって，

位数 6 の射影平面は存在しない.

しかし，位数 10 の直交ラテン方陣の対が存在するとしても，直交する 3 個は見つかっておらず，ましてや 9 個の完全直交系はいうまでもない．したがって，位数 10 の射影平面があるとは期待できない．このことは，計算機での複雑で込み入った探索のすえ，1988 年にクレメント・ラムらによって検証された.

位数 10 の射影平面は存在しない.

14, 21, 22 やそのほかのいくつかの値を位数とする射影平面はないことが知られているが，位数 12 や 15 の射影平面があるかどうかはまだ分かっていない．次のように存在を問う問題は未解決である.

素数のべきでないような n を位数とする射影平面は存在するか.

9 分割

1699 年に，ライプニッツはヨハン・ベルヌーイへの手紙の中で，今日では分割と呼ばれている，整数の「裂開」の個数について質問した．

> 与えられた数に対する分割の個数，すなわち，与えられた数を 2 個，3 個，... の部分に分解する場合の数について考えたことがありますか．これは簡単な問題ではないように思われますが，知っておく価値があるでしょう．

たとえば，4 をそれより小さな数に分解するやり方には，次の 5 通りがある．

$$4,\ 3+1,\ 2+2,\ 2+1+1,\ 1+1+1+1$$

4 そのものもその分解の一つであることや，分解によって得られる数の順序は気にしないので，1+3 は 3+1 と同じであることに注意しよう．同様にして，5 を分解するやり方には，次の 7 通りがある．

$$5,\ 4+1,\ 3+2,\ 3+1+1,\ 2+2+1,\ 2+1+1+1,\ 1+1+1+1+1$$

それぞれの数 n に対して，$p(n)$ を n の分割の個数とすると，$p(4)$

表 **5**　分割数

n	1	2	3	4	5	6	7	8	9	10
$p(n)$	1	2	3	5	7	11	15	22	30	42

$=5$, $p(5)=7$ となる．$n \leqq 10$ に対する分割数 $p(n)$ を表 5 に示す．

分割数は急激に大きくなる．たとえば，

$$p(20) = 627,\ p(50) = 204{,}226,\ p(200) = 3{,}972{,}999{,}029{,}388$$

であるが，これらの値を求めるにはどのようにすればよいだろうか．

オイラー登場

1740 年ごろ，レオンハルト・オイラーは分割を研究し始めた．オイラーは，分割を研究するために，次のような分割数列の生成関数として知られるものを考えた．

$$\begin{aligned}P(x) &= 1+p(1)x+p(2)x^2+p(3)x^3+p(4)x^4+p(5)x^5\\&\quad +p(6)x^6+\cdots\\&= 1+1x+2x^2+3x^3+5x^4+7x^5+11x^6+\cdots\end{aligned}$$

このとき，それぞれの項 x^n の係数は，対応する分割数 $p(n)$ である．たとえば，x^4 の係数は $p(4)=5$ であり，x^5 の係数は $p(5)=7$ である．組合せ論研究者ハーバート・ウィルフは，生成関数を調べることを，「個々の洗濯バサミすべてではなく，それらがついている物干しロープ」に注目することだと表現した．そうすれば，同時に無限に多くの対象(別個の洗濯バサミ $p(n)$ 全部)にではなく，ただ一つの対象(物干しロープまるごとである $P(x)$)に数学的技法を適用できるのである.

オイラーは, $P(x)$ が次のような形に書けることを発見した.

$$
\begin{aligned}
P(x) = &(1+x+x^2+x^3+x^4+x^5+\cdots)\\
&\times(1+x^2+x^4+x^6+x^8+x^{10}+\cdots)\\
&\times(1+x^3+x^6+x^9+x^{12}+x^{15}+\cdots)\\
&\times(1+x^4+x^8+x^{12}+x^{16}+x^{20}+\cdots)\times\cdots
\end{aligned}
$$

その理由は, 第 4 章の数え上げ多項式の考え方を思い出せば分かる.

- 1 の数え上げ多項式は, $1+x+x^2+x^3+x^4+x^5+\cdots$
- 2 の数え上げ多項式は, $1+x^2+x^4+x^6+x^8+x^{10}+\cdots$
- 3 の数え上げ多項式は, $1+x^3+x^6+x^9+x^{12}+x^{15}+\cdots$
- 4 の数え上げ多項式は, $1+x^4+x^8+x^{12}+x^{16}+x^{20}+\cdots$

というように続く. たとえば, $p(4)=5$ なので, $P(x)$ の右辺のそれぞれの括弧の中から一つずつ選んだ項により x^4 の項を作る組合せはちょうど 5 通りある.

$1\times1\times1\times\underline{x^4}\times\cdots$	は 4 に対応する
$\underline{x^1}\times1\times\underline{x^3}\times1\times\cdots$	は 1+3 に対応する
$1\times\underline{x^4}\times1\times1\times\cdots = 1\times(\underline{x^2})^2\times1\times1\times\cdots$	は 2+2 に対応する
$\underline{x^2}\times\underline{x^2}\times1\times1\times\cdots = (\underline{x^1})^2\times\underline{x^2}\times1\times1\times\cdots$	は 1+1+2 に対応する
$\underline{x^4}\times1\times1\times1\times\cdots = (\underline{x^1})^4\times1\times1\times1\times\cdots$	は 1+1+1+1 に対応する

ここで，オイラーは，等式

$$1+a+a^2+a^3+\cdots = (1-a)^{-1}$$

を用いて，前述の $P(x)$ の式に現れる幾何級数の和をとり，次の等式を導き出した.

$$\begin{aligned} P(x) &= (1-x)^{-1}\times(1-x^2)^{-1}\times(1-x^3)^{-1}\times(1-x^4)^{-1}\times\cdots \\ &= \frac{1}{(1-x)(1-x^2)(1-x^3)(1-x^4)\cdots} \end{aligned}$$

次節で，この等式に立ち戻ることにする.

生成関数を使って分割問題を解く一例として，次の問題がある.

> 10 ペンス硬貨，20 ペンス硬貨，50 ペンス硬貨で 1 ポンドを両替するやり方は何通りあるか.

これは，10, 20, 50 だけを用いた 100 の分割の個数を求める問題である．したがって，

- 10 ペンス硬貨の数え上げ多項式は $1+x^{10}+x^{20}+x^{30}+\cdots$
- 20 ペンス硬貨の数え上げ多項式は $1+x^{20}+x^{40}+x^{60}+\cdots$
- 50 ペンス硬貨の数え上げ多項式は $1+x^{50}+x^{100}+\cdots$

それゆえ，この問題の数え上げ多項式は，次のような積になる.

$$\begin{aligned} &(1+x^{10}+x^{20}+x^{30}+\cdots)\times(1+x^{20}+x^{40}+x^{60}+\cdots) \\ &\quad\times(1+x^{50}+x^{100}+\cdots) \end{aligned}$$

たとえば，分割 100=10+20+20+50 には，次の下線の項の積が対

応する.

$$(1+\underline{x^{10}}+x^{20}+x^{30}+\cdots)\times(1+x^{20}+\underline{x^{40}}+x^{60}+\cdots)$$
$$\times(1+\underline{x^{50}}+x^{100}+\cdots)$$

この積を展開すると

$$1+x^{10}+2x^{20}+2x^{30}+3x^{40}+4x^{50}+5x^{60}+6x^{70}+7x^{80}+8x^{90}$$
$$+\underline{10x^{100}}+\cdots$$

が得られる．したがって，10 ペンス硬貨，20 ペンス硬貨，50 ペンス硬貨で 1 ポンドを両替するやり方は 10 通りある.

もともとオイラーが分割を考えるに至ったのは，ベルリンにいたフランス人数学者フィリップ・ノーデから手紙で次の質問を受けたときであった.

> 50 を 7 個の相異なる正整数の和として書き表すには何通りのやり方があるのでしょうか.

$50=17+11+8+7+4+2+1$ はその一例である.

オイラーは，次の式を考えることでこの問題を解いた.

$$(1+xz)\times(1+x^2z)\times(1+x^3z)\times(1+x^4z)\times\cdots$$

これを展開して z の昇べきの順に並べると，次のようになる.

$$(1+xz)\times(1+x^2z)\times(1+x^3z)\times(1+x^4z)\times\cdots$$
$$=1+z(x+x^2+x^3+x^4+x^5+x^6+\cdots)$$
$$+z^2(x^3+x^4+2x^5+2x^6+3x^7+3x^8+\cdots)$$

$$+z^3(x^6+x^7+2x^8+3x^9+4x^{10}+5x^{11}+\cdots)$$
$$+z^4(x^{10}+x^{11}+2x^{12}+3x^{13}+5x^{14}+6x^{15}+\cdots)+\cdots$$

オイラーは，ノーデの質問の答えが z^7 との積に現れる x^{50} の係数であることに気づき，その値を瞬く間に 522 と計算した．

オイラーは，50=17+10+8+8+4+2+1 のように 7 個の数が相異なることを要求しない場合には何通りのやり方があるかという，ノーデからのもう一つの質問にも同じようにして答えた．この場合にも，オイラーは，8496 という正しい答えを得た．オイラーは，1748 年の『無限解析序説』でこれらの解法を発表した．『無限解析序説』は，はじめて分割が広範に取り扱われ，一つの章がまるごと分割に当てられた見事な著作である．

オイラーの五角数公式

『無限解析序説』では前述のような

$$P(x)=\frac{1}{(1-x)(1-x^2)(1-x^3)(1-x^4)\cdots}$$

を得るところまでであったオイラーだが，このあとすぐに，分母の項がどのように展開できるかを発見した．それによって得られた次のような級数を $Q(x)$ と呼ぶことにしよう．

$$Q(x)=(1-x)\times(1-x^2)\times(1-x^3)\times(1-x^4)\times\cdots$$
$$=1-x-x^2+x^5+x^7-x^{12}-x^{15}+\cdots$$

この級数には，2 個の連続する負項と 2 個の連続する正項が交互に現れ，その指数 1, 2, 5, 7, 12, 15, … は，$k(3k\pm1)/2$ の形をした，いわゆる「五角数」である．この結果は，オイラーの**五角数公式**として知られている．

そして，オイラーは，この $P(x)$ と $Q(x)$ の式を掛け合わせた．この二つの式は互いに逆数になっているので，$P(x)\times Q(x)=1$ であり，したがって，

$$\{1+p(1)x+p(2)x^2+p(3)x^3+p(4)x^4+p(5)x^5+\cdots\}$$
$$\times\{1-x-x^2+x^5+x^7-x^{12}-\cdots\}=1$$

が得られる．

オイラーは，この式の左辺を展開し，それぞれの x のべき乗の係数を求めることによって，それに対応する分割数 $p(n)$ を含んだ式を見出した．たとえば，左辺の x^5 の係数は $p(5)-p(4)-p(3)+1$ であり，右辺の x^5 の係数は 0 なので，

$$p(5)-p(4)-p(3)+1=0$$

が成り立ち，

$$p(5)=p(4)+p(3)-1=5+3-1=7$$

が得られる．

オイラーは，x^n の係数を同じように調べることによって，それぞれの分割数 $p(n)$ をそれより小さい n に対する値を使って表す次のような漸化式を得た．

$$p(n)=p(n-1)+p(n-2)-p(n-5)-p(n-7)+p(n-12)$$
$$+p(n-15)-\cdots$$

たとえば，$p(1)$, $p(2)$, ..., $p(10)$ の値がすでに分かっているならば，$p(11)$ を次のように計算することができる．

$$p(11) = p(10)+p(9)-p(6)-p(4) = 42+30-11-5 = 56$$

オイラーは，この漸化式を繰り返し用いて，$p(65)$=2,012,558 までの分割数をすべて計算した．250 年後の今日でも，これが分割数を求めるもっとも効率的な方法である．

オイラーの『無限解析序説』には，「非反復分割」と「奇数分割」に関する結果もある．**非反復分割**は，分割によって得られる数がすべて相異なるような分割である．たとえば，9 には，次の 8 通りの非反復分割がある．

$$9,\ 8+1,\ 7+2,\ 6+3,\ 6+2+1,\ 5+4,\ 5+3+1,\ 4+3+2$$

奇数分割は，分割によって得られる数がすべて奇数であるような分割である．たとえば，9 には，次の 8 通りの奇数分割がある．

$$9,\ 7+1+1,\ 5+3+1,\ 5+1+1+1+1,\ 3+3+3,\ 3+3+1+1+1,$$
$$3+1+1+1+1+1+1,\ 1+1+1+1+1+1+1+1+1$$

オイラーが発見したのは，次の結果である．

非反復分割については，それぞれの項は 1 回だけしか現れることができないので，その数え上げ多項式は

$$(1+x)\times(1+x^2)\times(1+x^3)\times(1+x^4)\times(1+x^5)\times\cdots$$

になり，奇数分割については，現れることができるのは奇数の和因子だけなので，その数え上げ多項式は

$$
\begin{aligned}
&(1+x+x^2+x^3+x^4+\cdots)\\
&\qquad\times(1+x^3+x^6+x^9+x^{12}+\cdots)\\
&\qquad\times(1+x^5+x^{10}+x^{15}+x^{20}+\cdots)\\
&\qquad\times(1+x^7+x^{14}+x^{21}+x^{28}+\cdots)\times\cdots\\
&\quad=(1-x)^{-1}\times(1-x^3)^{-1}\times(1-x^5)^{-1}\times(1-x^7)^{-1}\times\cdots
\end{aligned}
$$

になる．

オイラーは，この二つの式を展開して両方にまったく同じ項が含まれていることを見つけ，任意の正整数に対して非反復分割数は奇数分割数に等しいという驚くべき結果を導き出した．

ハーディとラマヌジャン登場

19 世紀には，ほかの話題ですでに登場しているオーガスタス・ド・モルガン，アーサー・ケイリー，トーマス・カークマン，ジェームズ・ジョセフ・シルベスターなど多くの英国人数学者が分割について研究した．とくにシルベスターは，分割について次のような熱弁を振るった．

> 分割は，解析がその中に生き，動き，存在するような領域を構成する．近年までほとんど無視されていたものの，膨大，繊細かつ遍く浸透している代数的思考と表現のこの要素の重要性は，どんなに強い言葉を用いても誇張や虚飾にはなりえない．

英国の組合せ論研究者パーシ・マクマホンによる1896年の「組合せ解析：現状の既知知識の振り返り」についてのロンドン数学会の会長演説は，シルベスターの発言を思い起こさせる．組合せ論に対してこのような演説が行われたのはこの時だけである．マクマホンは，のちに1か月を費やして，オイラーの漸化式を用いて200以下の n に対して $p(n)$ の値をすべて計算した(図68)．彼が計算した $p(200)$ の値は，すでにこの章で紹介した．

マクマホンの表にある最初の158個の値は，ケンブリッジ大学のG. H. ハーディとその共同研究者であるスリニヴァーサ・ラマヌジャンによって確かめられた．1913年に，ラマヌジャンは，インドからハーディに手紙を書いた．その手紙には，ラマヌジャンの数学的研究成果が同封されていた．それらはあまりにも独創的であり，ハーディは，これは正しいにちがいない，そうでなければ，このようなものをでっちあげる想像力がある者などいるはずがないからだと断言した．ハーディはラマヌジャンをケンブリッジに招き，2人はその後の5年間に注目に値する論文を何本か発表して，数学において歴史的偉業を成し遂げた．

ラマヌジャンは，マクマホンによる $p(n)$ の値の表を調べて，ある整数 k に対して $5k+4$ という形をした n の場合には，$p(n)$ の値はすべて5で割り切れることに気づいた．

$$p(4)=5,\ p(9)=30,\ p(14)=135,\ p(19)=490,\ \ldots$$

また，ラマヌジャンは，$p(7k+5)$ がつねに7で割り切れることや，$p(11k+6)$ がつねに11で割り切れることも見つけた．これらや，このほかの同様の結果は，今日ではラマヌジャンの合同式として知られている．

1...	1	51...	239943	101...	214481126	151...	45060624582
2...	2	52...	281589	102...	241265379	152...	49686288421
3...	3	53...	329931	103...	271248950	153...	54770336324
4...	5	54...	386155	104...	304801365	154...	60356673280
5...	7	55...	451276	105...	342325709	155...	60493182097
6...	11	56...	526823	106...	384276336	156...	73232243759
7...	15	57...	614154	107...	431149389	157...	80630964769
8...	22	58...	715220	108...	483502844	158...	88751778802
9...	30	59...	831820	109...	541946240	159...	97662728555
10...	42	60...	966467	110...	607163746	160...	107438159466
11...	56	61...	1121505	111...	679903203	161...	118159068427
12...	77	62...	1300156	112...	761002156	162...	129013904637
13...	101	63...	1505499	113...	851376628	163...	142798995930
14...	135	64...	1741630	114...	952050665	164...	156919475295
15...	176	65...	2012558	115...	1064144451	165...	172389800255
16...	231	66...	2323520	116...	1188908248	166...	189334822579
17...	297	67...	2679689	117...	1327710076	167...	207890420102
18...	385	68...	3087735	118...	1482074143	168...	228204732751
19...	490	69...	3554345	119...	1653668665	169...	250438925115
20...	627	70...	4087968	120...	1844349560	170...	274768617130
21...	792	71...	4697205	121...	2056148051	171...	301384802048
22...	1002	72...	5392783	122...	2291320912	172...	330495499613
23...	1255	73...	6185689	123...	2552338241	173...	302326859895
24...	1575	74...	7089500	124...	2841940500	174...	397125074750
25...	1958	75...	8118264	125...	3163127352	175...	435157697830
20...	2436	76...	9289091	126...	3519222692	176...	476715857290
27...	3010	77...	10619863	127...	3913864295	177...	522115831195
28...	3718	78...	12132164	128...	4351078600	178...	571701605655
29...	4565	79...	13848650	129...	4835271870	179...	625846753120
30...	5604	80...	15796476	130...	5371315400	180...	684957390936
31...	6842	81...	18004327	131...	5964539504	181...	749474411781
32...	8349	82...	20506255	132...	6620830889	182...	819876908323
33...	10143	83...	23338469	133...	7346629512	183...	896684817527
34...	12310	84...	26543660	134...	8149040695	184...	980462880430
35...	14883	85...	30167357	135...	9035836070	185...	1071823774337
36...	17977	86...	34262962	136...	10015581680	180...	1171432692373
37...	21637	87...	38887673	137...	11097645016	187...	1280011042268
38...	26015	88...	44108109	138...	12292341831	188...	1398341745571
39...	31185	89...	49995925	139...	13610949895	189...	1527273599625
40...	37338	90...	56634173	140...	15065878135	190...	1667727404093
41...	44583	91...	64112359	141...	16670689208	191...	1820701100652
42...	53174	92...	72533807	142...	18440293320	192...	1987276856363
43...	63261	93...	82010177	143...	20390982757	193...	2168627105469
44...	75175	94...	92669720	144...	22540654445	194...	2366022741845
45...	89134	95...	104651419	145...	24908858009	195...	2580840212973
46...	105558	96...	118114304	146...	27517052599	196...	2814570987591
47...	124754	97...	133230930	147...	30388671978	197...	3068829878530
48...	147273	98...	150198136	148...	33549419497	198...	3345365983098
49...	173525	99...	169229875	149...	37027355200	199...	3646072432125
50...	204226	100...	190569292	150...	40853235313	200...	3972999029388

図 68　マクマホンによる分割数の表

また，ハーディとラマヌジャンは，次のような $p(n)$ のいくつかの漸近的公式も見つけた．

$$p(n) \sim \frac{e^{\pi\sqrt{2n/3}}}{4n\sqrt{3}}$$

彼らの公式の一つを使うと，$p(200) \fallingdotseq 3{,}972{,}999{,}029{,}388.004$ となり，この誤差はたったの 0.004 以下である．

この近似式は，1918 年に発表された 2 人の共著論文「組合せ解析における漸近公式」で述べられている．この中で，彼らは「円周法」と呼ばれる数論の新しい手法を用いて，$p(n)$ の正確な（しかし，きわめて複雑な）公式を得た（図 69）．その公式では，任意の n に対して，$p(n)$ は $A_q \times \phi_q$ の形式をした項の和にもっとも近い整数になる．ここで，A_q は，円周率，指数関数，1 の複素 $24q$ 乗根，整数論に現れるルジャンドル/ヤコビ記号を含み，ϕ_q は，平方根，微分，指数関数などさまざまな式を含む．

分割数については，これ以降もさらなる成果があったが，ハーディとラマヌジャンの公式は，真に注目に値する結果であり，本書の最後を飾るにふさわしい．

Statement of the main theorem.

THEOREM. *Suppose that*

$$\phi_q(n) = \frac{\sqrt{q}}{2\pi\sqrt{2}} \frac{d}{dn}\left(\frac{e^{C\lambda_n/q}}{\lambda_n}\right), \tag{1·71}$$

where C *and* λ_n *are defined by the equations* (1·53), *for all positive integral values of* q; *that* p *is a positive integer less than and prime to* q; *that* $\omega_{p,q}$ *is a* $24q$*-th root of unity, defined when* p *is odd by the formula*

(1·721)

$$\omega_{p,q} = \left(\frac{-q}{p}\right) \exp\left[-\left\{\tfrac{1}{4}(2-pq-p) + \tfrac{1}{12}\left(q-\frac{1}{q}\right)(2p-p'+p^2p')\right\}\pi i\right],$$

and when q *is odd by the formula*

(1·722)

$$\omega_{p,q} = \left(\frac{-p}{q}\right) \exp\left[-\left\{\tfrac{1}{4}(q-1) + \tfrac{1}{12}\left(q-\frac{1}{q}\right)(2p-p'+p^2p')\right\}\pi i\right],$$

where (a/b) *is the symbol of Legendre and Jacobi*†, *and* p' *is any positive integer such that* $1 + pp'$ *is divisible by* q; *that*

$$A_q(n) = \sum_{(p)} \omega_{p,q} e^{-2np\pi i/q}; \tag{1·73}$$

and that α *is any positive constant, and* ν *the integral part of* $\alpha\sqrt{n}$.

Then

$$p(n) = \sum_{1}^{\nu} A_q \phi_q + O(n^{-\frac{1}{4}}), \tag{1·74}$$

so that $p(n)$ *is, for all sufficiently large values of* n, *the integer nearest to*

$$\sum_{1}^{\nu} A_q \phi_q. \tag{1·75}$$

図 **69** ハーディとラマヌジャンによる $p(n)$ の公式

参考文献

本書の一部分は，オープン大学の以前の講義 TM361「グラフ，ネットワーク，デザイン」で採用した一般的アプローチに従っており，1981 年から 1994 年まで筆者の指導の下で講義チームによって書かれ，講義に使われたものである．

次の文献のあるものは古典で，あるものはかなり新しいが，いずれも本書で紹介した組合せ論やグラフ理論の幅広い領域についての役立つ入門書である．

R. B. J. T. Allenby and Alan Slomson, *How to Count: An Introduction to Combinatorics*, 2nd ed., Chapman & Hall/CRC, 2010.

Ian Anderson, *A First Course in Combinatorial Mathematics*, Oxford Applied Mathematics and Computing Science Series, Clarendon Press, 1989.

Norman L. Biggs, *Discrete Mathematics*, 2nd ed., Oxford University Press, 2002.

Peter J. Cameron, *Combinatorics: Topics, Techniques, Algorithms*, Cambridge University Press, 1995.

Marshall Hall, Jr, *Combinatorial Theory*, 2nd ed., Wiley-Interscience, 1998.（初版の邦訳：岩堀信子訳『組合せ理論』吉岡書店，1971）

C. L. Liu, *Introduction to Combinatorial Mathematics*, McGraw-Hill, 1968.（邦訳：伊理正夫/伊理由美共訳『組合せ数学入門 1, 2』共立出版，1972）

John Riordan, *Introduction to Combinatorial Analysis*, Dover Publications, 2003.

Herbert John Ryser, *Combinatorial Mathematics*, Carus Mathematical Monographs 14, Mathematical Association of America, 1963.

Robin Wilson, *Introduction to Graph Theory*, 5th ed., Prentice Hall, 2010.（第 4 版の邦訳：西関隆夫/西関裕子共訳『グラフ理論入門』近代科学社，2001）

Robin Wilson, *Four Colors Suffice*, revised colour ed., Princeton University Press, 2013.（初版の邦訳：茂木健一郎訳『四色問題』新潮社，2004）

歴史的な題材については，次の文献に見ることができる．

N. L. Biggs, E. K. Lloyd, and R. J. Wilson, *Graph Theory 1736–1936*, paperback ed., Clarendon Press, Oxford, 1998.（邦訳：一松信/秋山仁/恵羅博共訳『グラフ理論への道』地人書館，1986）
Robin Wilson and John J. Watkins (eds.), *Combinatorics: Ancient and Modern*, paperback ed., Oxford University Press, 2015.

次の網羅的なハンドブックにも，数多くの有用な情報がある．

Jonathan L. Gross, Jay Yellen, and Ping Zhang (eds.), *Handbook of Graph Theory*, 2nd ed., CRC Press, 2014.
Kenneth H. Rosen (ed.), *Handbook of Discrete and Combinatorial Mathematics*, 2nd ed., Chapman & Hall/CRC, 2015.

最後に，本書と同じシリーズの次の書籍には，いくつかの関連する題材が含まれている．

Guido Calderelli and Michele Catanzano, *Networks: A Very Short Introduction*, Oxford University Press, 2012.（邦訳：高口太朗訳『ネットワーク科学：つながりが解き明かす世界のかたち』丸善出版，2014）
Ian Stewart, *Symmetry: A Very Short Introduction*, Oxford University Press, 2013.（邦訳：川辺治之訳『対称性：不変性の表現』丸善出版，2017）

訳者あとがき

本書はRobin Wilson著 *Combinatorics: A Very Short Introduction*(Oxford University Press, 2016年)の全訳である.

著者のロビン・ウィルソンは英国オープン大学の純粋数学の名誉教授であり,また,グレシャム大学の幾何学の名誉教授でもある.そして,2012年から2014年までは英国数学史学会の会長も務めた.ウィルソンは,グラフ理論を中心とする組合せ論の専門家であると同時に,数学史,とくに英国の数学や17世紀以降の数学,そして組合せ論の歴史に関しても数多くの論文や書籍を発表している.その中には,参考文献に挙げられているようなグラフ理論の教科書や四色問題を詳しく解説した読み物など,邦訳されている書籍も多い.

ウィルソンは,グレシャム大学の教授職に就くにあたって,次のように述べている.「数学は,これまでずっと人類文化の中核をなす部分であったし,今もそうである.そして,その歴史的出自から切り離しては,数学を完全に理解できるとは到底思えない.私のやろうとしている講義は,この信念を裏付けることを意図したものである」.

本書でも,その言葉どおり,高校数学で学ぶ順列・組合せの基礎やパスカルの三角形から始まって,ラテン方陣,ブロックデザイン，分割数に至るまでのさまざまな問題がどのように生じたかが明確に述べられている．

組合せ論が一つの研究分野として確立したのは20世紀になってからで，数学の中では比較的新しい領域であるが，はるか昔からのものごとを選んだり，並べたり，分類したり，数えたりするという日常的な行為が，抽象化や一般化を経て高度な数学へと昇華していくさまを本書によって概観してもらえるはずである．

もちろん，この手軽な1冊で紹介されているのは，組合せ論のほんの入り口に過ぎない．興味のある問題や気になる理論を見つけたら，参考文献に挙げられた教科書や解説書へと歩をすすめて，組合せ論のさらなる魅力を存分に味わっていただきたい．

本書の翻訳に際して，原著者のウィルソン教授には，翻訳の過程で見つけた原著の誤植を確認していただき，また，いくつかの疑問点についてもご教示いただいた．そして，日本語版の編集にあたっては，岩波書店の加美山亮氏と濱門麻美子氏に大変お世話になった．これらの方々に感謝の意を表したい．

2018年秋　訳者

索　引

か 行

さ 行

た　行

な　行

ま 行

や 行

ら 行

わ　行

ロビン・ウィルソン(Robin Wilson)

1943年生まれ．数学者．専門はグラフ理論と数学史．ペンシルベニア大学で博士号取得．1972年から英オープン大学で教え，2009年より同大学名誉教授．グレシャム大学でも教え，現在は同大学名誉教授．2012-2014年には英国数学史学会会長を務めた．

川辺治之

1985年，東京大学理学部数学科卒．現在，日本ユニシス(株)総合技術研究所上席研究員．
著書に，『Common Lisp オブジェクトシステム：CLOSとその周辺』(共著，共立出版)，訳書に，ゴロム『箱詰めパズル ポリオミノの宇宙』(日本評論社)，ダイアコニス，グラハム『数学で織りなすカードマジックのからくり』(共立出版)，スチュアート『対称性：不変性の表現』(丸善出版)，チャンバーランド『ひとけたの数に魅せられて』，スチュアート『無限』(以上，岩波書店)など多数．

岩波 科学ライブラリー 280
組合せ数学　ロビン・ウィルソン

2018年12月5日　第1刷発行

訳　者　川辺治之（かわべ はるゆき）

発行者　岡本　厚

発行所　株式会社 岩波書店
〒101-8002 東京都千代田区一ツ橋2-5-5
電話案内 03-5210-4000
http://www.iwanami.co.jp/

印刷 製本・法令印刷　カバー・半七印刷

ISBN 978-4-00-029680-9　Printed in Japan

◦岩波科学ライブラリー〈既刊書〉

遠田晋次

204 **連鎖する大地震**

本体 1200 円

大地震は長年蓄積された地殻の歪みが解放される現象．なのに，なぜその後にも大地震が誘発されるのか．東北地方太平洋沖地震を例にやさしく解説．さらに懸念される地域，活断層を指摘し，大地震の切迫性，首都圏の危険度を考える．

杉本正信，橋爪　壮

206 **ワクチン新時代**
バイオテロ・がん・アルツハイマー

本体 1200 円

地上から撲滅された天然痘が生物兵器として復活．対策の切り札は，日本で開発されながら日の目をみなかった，世界初の細胞培養によるワクチンだ．がん・アルツハイマーの治療にも期待が大きいワクチンの最前線を紹介．

井ノ口馨

208 **記憶をコントロールする**
分子脳科学の挑戦

本体 1200 円

ＤＮＡに連なる分子の言葉で語れるようになった記憶の機能．記憶を消したり想起させたり自由に操作できる日も夢ではない．そもそも記憶は脳のどこにどのように蓄えられるか，なぜ記憶に短期と長期があるのかなど語る．

金井良太

209 **脳に刻まれたモラルの起源**
人はなぜ善を求めるのか

本体 1300 円

モラルは人類が進化的に獲得したものだ．最新の脳科学や進化心理学の研究によれば，生存に必須な主観的で情動的な認知能力に由来するという．それが示唆する脳自身が幸せを感じる社会とはどんな社会なのか．どう実現されるのか．

笠井献一

210 **科学者の卵たちに贈る言葉**
江上不二夫が伝えたかったこと

本体 1200 円

戦後日本の生命科学を牽引した江上不二夫は，独創的なアイデアで周囲を驚嘆させただけでなく，弟子を鼓舞する名人でもあった．生命に対する謙虚さに発したその言葉は，大発見を成し遂げた古今の科学者の姿勢にも通じる．

市川伸一

211 **勉強法の科学**
心理学から学習を探る

本体 1200 円

どうしたら上手く覚えられるか？　やる気を出すにはどうする？――だれもが望む効率のよい「勉強のしかた」を教育心理学者が手ほどき．コツがつかめて勉強が楽しくなる．『心理学から学習をみなおす』待望の改訂版．

鈴木康弘

212 **原発と活断層**
「想定外」は許されない

本体 1200 円

原発周辺の活断層はなぜ見過ごされてきたのか．今後はどうやって活断層の危機性を評価すべきか．原発建設における審査体制の不備を厳しく指摘してきた著者が，原子力規制委員会での議論を紹介し，問題点を検証する．

三上　修

213 **スズメ**　つかず・はなれず・二千年
〈生きもの〉

カラー版 本体 1500 円

「ザ・普通の鳥」スズメ．しかしその生態には謎がいっぱい．人がいないと生きていけない？ 数百キロも移動？ あれでけっこう意地悪!? 減りゆく小さな隣人を愛おしみながら，その意外な素顔を綴る．とりのなん子氏のイラストつき！

平田 聡

214 **仲間とかかわる心の進化**
チンパンジーの社会的知性

本体 1200 円

仲間と協力する．仲間をあざむく．心の病を患う可能性すらあるチンパンジー．その社会的知性は進化の産物であり，本能に支えられてはいるけれども，年長者や他の子どもとのつきあいの中で経験と学習をしなければ育たない．

田中敏明

215 **転倒を防ぐ バランストレーニングの科学**

本体 1200 円

元気な明日のために，ヒトの体のことを知って効果的にトレーニング！ 高齢者の転倒予防には，筋力や柔軟性に加えてバランス能力も重要だ．運動学理論に基づいた，独自の方法をわかりやすいイラストでレクチャーする．

鳥越規央，データスタジアム野球事業部

223 **勝てる野球の統計学 セイバーメトリクス**

本体 1200 円

「送りバントは有効でない」など従来の野球観を覆すセイバーメトリクス．メジャーリーグでチーム強化に必須となったこの考え方を，日本プロ野球の最新データを使って解説する．各チームの戦力分析にぜひ備えておきたい一冊．

小豆川勝見

224 **みんなの放射線測定入門**

本体 1200 円

理系の大学院生でも大半がよく知らない放射線の測定法．機器があっても誰でも正確に測れるわけではない．なぜ放射線測定は難しいのか．また除染をすればそれで終わりなのか．今後のことも含め徹底的にかみくだいて説明します．

岩波書店編集部 編

225 **広辞苑を 3 倍楽しむ**

カラー版 本体 1500 円

コンペイトー，錯視，ピタゴラスの数，簸蔓，猩猩，レプトセファルス，野口啄木鳥…….『広辞苑』の多種多様な項目から「話のタネ」を選んだ，各界で活躍する著者たちの科学にまつわるエッセイを，美しい写真とともに紹介．

大槻 久

226 **協力と罰の生物学**

本体 1200 円

排水溝のヌメリから花と昆虫，そしてヒトの助け合いまで．容赦ない生存競争の中，生きものたちはなぜ自己犠牲的になれるのか．「協力」の謎に挑んだ研究者たちの軌跡と，協力の裏にひそむ，ちょっと怖い「罰」の世界を生き生きと描く．

有賀克彦

227 **材料革命ナノアーキテクトニクス**

本体 1200 円

原子・分子レベルで出現する性質を利用して，ナノ構造どうしが連携しあって機能する新材料を構築するのがナノアーキテクトニクス．原子スイッチから貼る制癌剤まで，ナノテクノロジーの次にくる近未来の科学技術を見通す．

神﨑亮平

228 **サイボーグ昆虫，フェロモンを追う**

本体 1200 円

米粒ほどの小さな脳でありながら，優れたセンサと巧みな行動戦略で，工学者に解けなかった難題をこなす．そんな昆虫脳のはたらきが，ひとつひとつのニューロンをコンピュータ上にモデル化することで明らかになってきた．

定価は表示価格に消費税が加算されます．2018 年 12 月現在

◦岩波科学ライブラリー〈既刊書〉

市川光太郎

229 **ジュゴンの上手なつかまえ方**
海の歌姫を追いかけて

カラー口絵2丁 本体1300円

その姿からは想像できない美しい「歌声」に魅せられた若き研究者は，野生のジュゴンを追いかけて世界の海へ．録音，分析，観察，飛び乗って……つかまえる？ 科学と冒険が，誰も知らなかったジュゴンの謎を明らかにする！

倉持 浩

230 **パンダ** ネコをかぶった珍獣
〈生きもの〉

カラー版 本体1500円

かぶりもの？ いいえ，生きものです！ シロとクロの理由，妙に丸い顔，タケで生きている不思議……パンダの謎は奥深い．飼育係としてパンダを見続けてきた著者が，繁殖の舞台裏や最新の研究知見を交えつつ，生きものとしてのパンダの全貌をストレートに語る．

斎藤 憲

232 **アルキメデス『方法』の謎を解く**

本体1300円

長く幻とされたアルキメデスの最高の書『方法』の写本が20世紀末に再発見され，二千年の時を経て解読が進んだ．『方法』の中身や謎の死の真相など，アルキメデスに関する決定版．『よみがえる天才アルキメデス』の全面改訂．

太田英伸

233 **おなかの赤ちゃんは光を感じるか**
生物時計とメラノプシン

本体1300円

胎児は「脳」で光を感じて〈生物時計〉を動かしている．近年発見された明暗情報を脳に伝える光受容体メラノプシンと睡眠・成長の関係を明らかにした著者らは，早産児の発達を促す「調光保育器」を開発した．［カラー口絵1丁］

佐々木正人

234 **新版 アフォーダンス**

本体1300円

眼だけで見ているのではなく，耳だけで聞いているのでもない……？ 人工知能からアートまで，多分野で注目を集めるアフォーダンス理論の本質をわかりやすく解説．ロングセラーに20年ぶりの大改訂を加えた決定版！

山内一也

235 **エボラ出血熱とエマージングウイルス**

本体1200円

過去に例を見ない大流行となったエボラ出血熱．ウイルスハンターや医師たちの苦闘の歴史を振り返りつつ，なぜ致死率90%と高いのか，治療や予防法はあるか，日本は大丈夫か，などエボラ出血熱の現在を紹介する．

牧野淳一郎

236 **被曝評価と科学的方法**

本体1300円

原発事故後，発表されるデータの解釈が被害を過小に見せる方向にゆがんできた．公式発表を鵜呑みにするのではなく，自ら計算する科学的方法を読者に示し，適切な被曝被害評価がどのようなものになるのか明らかにする．

藤田祐樹

237 **ハトはなぜ首を振って歩くのか**

本体1200円

いったい，あの動きは何なのか．なぜ一歩に一回で，なぜ，カモは振らないのか……？ 古くて新しいこの謎に本気で迫る，世界初の首振り本．同じ二足歩行の恐竜やヒトまで登場させて，生きものたちの動きの妙を心ゆくまで味わう．

廣瀬　敬

238 **できたての地球**
生命誕生の条件

本体 1200 円

地球の水はどこから来たのか．水も炭素もなかった生まれてまもない地球に，有機生命体が誕生し進化したのはなぜか．かたや現在の地球内部には海の何十倍もの水が隠れている？　こうした疑問に答える「初期地球」の研究が熱い！

岩波書店編集部

248 **科学者の目、科学の芽**

本体 1600 円

えっ，これどうなっているの？　科学者が，日常の中で見つけた小さな発見を綴った 36 篇のエッセイ．日々の出来事まで科学の目でとことん追究する科学者の，楽しい日常，愛すべき生態，真摯な姿が垣間見える．

大場裕一

249 **恐竜はホタルを見たか**
発光生物が照らす進化の謎

本体 1300 円

地球上には数万種もの「光る生きもの」がいる．生物はいつ，どうやって光る能力を手に入れたのか．発光のしくみを解明し，進化の道筋を巻き戻していくと，舞台は暗闇に満ちた深海へ．ダーウィンも悩んだ「進化の謎」に挑む．［2色刷］

嘉糠洋陸

251 **なぜ蚊は人を襲うのか**

本体 1200 円

人を襲うのはオスと交配したメス蚊だけだ．なぜか．アフリカの大地で巨大蚊柱と格闘し，アマゾンでは牛に群がる蚊を追う．かたや研究室で万単位の蚊を飼育．そんな著者だからこそ語れる蚊の知られざる奇妙な生態の数々．

橘　省吾

252 **星くずたちの記憶**
銀河から太陽系への物語

本体 1200 円

彗星の塵，月の石，「はやぶさ」が持ち帰った小惑星のかけら……．「星くず」の中の鉱物には，宇宙や太陽系の過去が刻印されている．その〈記憶〉を丁寧に読み解きながら，明るみに出た星くずたちの雄大な旅路を紹介．

鈴木真治

253 **巨大数**

本体 1200 円

アルキメデスが数えたという宇宙を覆う砂の数，仏典の最大数「不可説不可説転」，宇宙の永劫回帰時間，数学の証明に使われた最大の数…などなど，伝説や科学に登場するさまざまな巨大数の文字通り壮大な歴史を描く．

大﨑茂芳

254 **クモの糸でバイオリン**

本体 1200 円

クモの糸にぶら下がって世間を賑わせた著者が，今度はクモの糸でバイオリンの弦を……！？　暗中模索，数年がかりで完成した弦が，やがてストラディバリウスの上で奏でられ，大反響を巻き起こすまで，成功物語のすべてをレポート．

小長谷正明

255 **難病にいどむ遺伝子治療**

本体 1300 円

原因がわからず治療法もないなかで患者と家族を苦しめてきた遺伝性の難病．医学の進歩によって理解がすすみ，治療の希望が見えてきた．歴史的エピソードや豊富な臨床体験を交えながら，発見の臨場感をこめて綴る．

定価は表示価格に消費税が加算されます．2018 年 12 月現在

◦岩波科学ライブラリー〈既刊書〉

小澤祥司 256 **ゾンビ・パラサイト** ホストを操る寄生生物たち 本体 1200 円	ホスト(宿主)の体を棲み処とするパラサイト(寄生生物)の中に，自分や子孫の生存にとって有利になるように，ホストの行動を操るものが進化してきた．ホストをゾンビ化して操るパラサイトたちの精妙な生態を紹介．
横澤一彦 257 **つじつまを合わせたがる脳** 本体 1200 円	作り物とわかっているのに自分の手と思い込む．目の前にあるのに見落としてしまう．いずれも脳のつじつま合わせが引き起こす現象．このおかげで，われわれは安心して日常を生きていられる？　脳と上手につきあうための本．
黒川信重 258 **ラマヌジャン探検** 天才数学者の奇蹟をめぐる 本体 1200 円	わずか 30 年ほどの生涯のなかで，天才数学者ラマヌジャンが発見した奇蹟ともいえる公式の数々．百年後もなお輝きを失わないどころか，数学の未来を照らし出す．奇蹟の数式の導出からその意味までを存分に味わえる本．
広瀬友紀 259 **ちいさい言語学者の冒険** 子どもに学ぶことばの秘密 本体 1200 円	ことばを身につける最中の子どもが見せる面白くて可愛らしい「間違い」は，ことばの秘密を知る絶好の手がかり．大人からの訂正にはおかまいなく，言語獲得の冒険に立ち向かう子どもは，ちいさい言語学者なのだ．
真鍋　真 260 **深読み! 絵本『せいめいのれきし』** カラー版 本体 1500 円	半世紀以上にわたって読み継がれてきた名作絵本『せいめいのれきし』．改訂版を監修した恐竜博士が，長い長い命のリレーのお芝居の見どころを解説します．隅ずみにまで描き込まれたしかけなど，楽しい情報が満載です．
窪薗晴夫 編 261 **オノマトペの謎** ピカチュウからモフモフまで 本体 1500 円	日本語を豊かにしている擬音語や擬態語．スクスクとクスクスはどうして意味が違うの？　外国語にもオノマトペはあるの？　モフモフはどうやって生まれたの？　八つの素朴な疑問に答えながら，その魅力に迫ります．
千葉　聡 262 **歌うカタツムリ** 進化とらせんの物語 本体 1600 円	地味でパッとしないカタツムリだが，生物進化の研究においては欠くべからざる華だった．偶然と必然，連続と不連続……．行きつ戻りつしながらもじりじりと前進していく研究の営みと，カタツムリの進化を重ねた壮大な歴史絵巻．
徳田雄洋 263 **必勝法の数学** 本体 1200 円	将棋や囲碁で人間のチャンピオンがコンピュータに敗れる時代となってしまった．前世紀，必勝法にとりつかれた人々がはじめた研究をたどりながら，必勝法の原理とその数理科学・経済学・情報科学への影響を解説する．

上村佳孝

264 **昆虫の交尾は、味わい深い…。**

本体 1300 円

ワインの栓を抜くように、鯛焼きを鋳型で焼くように―― !? 昆虫の交尾は、奇想天外・摩訶不思議。その謎に魅せられた研究者が、徹底した観察と実験で真実を解き明かしてゆく、サイエンス・エンタメノンフィクション！ [袋とじ付]

山内一也

265 **はしかの脅威と驚異**

本体 1200 円

はしかは，かつてはありふれた病気で軽くみられがちだ．しかしエイズ同様，免疫力を低下させ，脳の難病を起こす恐ろしいウイルスなのだ．一方，はしかを利用した癌治療も注目されている．知られざるはしかの話題が満載．

鎌田浩毅

266 **日本の地下で何が起きているのか**

本体 1400 円

日本の地盤は千年ぶりの「大地変動の時代」に入った．内陸の直下型地震や火山噴火は数十年続き，2035 年には「西日本大震災」が迫る．市民の目線で本当に必要なことを，伝える技術を総動員して紹介．命を守る行動を説く．

小澤祥司

267 **うつも肥満も腸内細菌に訊け！**

本体 1300 円

腸内細菌の新たな働きが，つぎつぎと明らかにされている．つくり出した物質が神経やホルモンをとおして脳にも作用し，さまざま病気や，食欲，感情や精神にまで関与する．あなたの不調も腸内細菌の乱れが原因かもしれない．

小山真人

268 ドローンで迫る **伊豆半島の衝突**

カラー版 本体 1700 円

美しくダイナミックな地形・地質を約百点のドローン撮影写真で紹介．中心となるのは，伊豆半島と本州の衝突が進行し，富士山・伊豆東部火山群・箱根山・伊豆大島などの火山活動も活発な地域である．

諏訪兼位

269 **岩石はどうしてできたか**

本体 1400 円

泥臭いと言われつつ岩石にのめり込んで 70 年の著者とともにたどる岩石学の歴史．岩石の源は水かマグマか，この論争から出発し，やがて地球史や生物進化の解明に大きな役割を果たし，月の探査に活躍するまでを描く．

岩波書店編集部 編

270 **広辞苑を 3 倍楽しむ** その 2

カラー版 本体 1500 円

各界で活躍する著者たちが広辞苑から選んだ言葉を話のタネに，科学にまつわるエッセイと美しい写真で描きだすサイエンス・ワールド．第七版で新しく加わった旬な言葉についての書下ろしも加えて，厳選の 50 連発．

廣瀬雅代，稲垣佑典，深谷肇一

271 **サンプリングって何だろう**
統計を使って全体を知る方法

本体 1200 円

ビッグデータといえども，扱うデータはあくまでも全体の一部だ．その一部のデータからなぜ全体がわかるのか．データの偏りは避けられるのか．統計学のキホンの「キ」であるサンプリングについて徹底的にわかりやすく解説する．

定価は表示価格に消費税が加算されます．2018 年 12 月現在

◦岩波科学ライブラリー〈既刊書〉

虫明 元 272 **学ぶ脳** ぼんやりにこそ意味がある 本体 1200 円	ぼんやりしている時に脳はなぜ活発に活動するのか？ 脳ではいくつものネットワークが状況に応じて切り替わりながら活動している．ぼんやりしている時，ネットワークが再構成され，ひらめきが生まれる．脳の流儀で学べ！
イアン・スチュアート／川辺治之訳 273 **無限** 本体 1500 円	取り扱いを誤ると，とんでもないパラドックスに陥ってしまう無限を，数学者はどう扱うのか．正しそうでもあり間違ってもいそうな 9 つの例を考えながら，算数レベルから解析学・幾何学・集合論まで，無限の本質に迫る．
松沢哲郎 274 **分かちあう心の進化** 本体 1800 円	今あるような人の心が生まれた道すじを知るために，チンパンジー，ボノボに始まり，ゴリラ，オランウータン，霊長類，哺乳類……と比較の輪を広げていこう．そこから見えてきた言語や芸術の本質，暴力の起源，そして愛とは．
松本 顕 275 **時をあやつる遺伝子** 本体 1300 円	生命にそなわる体内時計のしくみの解明．ショウジョウバエを用いたこの研究は，分子行動遺伝学の劇的な成果の一つだ．次々と新たな技を繰り出し一番乗りを争う研究者たち．ノーベル賞に至る研究レースを参戦者の一人がたどる．
濱尾章二 276 **「おしどり夫婦」ではない鳥たち** 本体 1200 円	厳しい自然の中では，より多く子を残す性質が進化する．一見，不思議に見える不倫や浮気，子殺し，雌雄の産み分けも，日々奮闘する鳥たちの真の姿なのだ．利己的な興味深い生態をわかりやすく解き明かす．
金 重明 277 **ガロアの論文を読んでみた** 本体 1500 円	決闘の前夜，ガロアが手にしていた第 1 論文．方程式の背後に群の構造を見出したこの論文は，まさに時代を超越するものだった．簡潔で省略の多いその記述の行間を補いつつ，高校数学をベースにじっくりと読み解く．
新村芳人 278 **嗅覚はどう進化してきたか** 生き物たちの匂い世界 本体 1400 円	人間は 400 種類の嗅覚受容体で何万種類もの匂いをかぎ分けるが，そのしくみはどうなっているのか．環境に応じて，ある感覚を豊かにし，ある感覚を失うことで，種ごとに独自の感覚世界をもつにいたる進化の道すじ．
藤垣裕子 279 **科学者の社会的責任** 本体 1300 円	驚異的に発展し社会に浸透する科学の影響はいまや誰にも正確にはわからない．科学技術に関する意思決定と科学者の社会的責任の新しいあり方を，過去の事例をふまえるとともに EU の昨今の取り組みを参考にして考える．

定価は表示価格に消費税が加算されます．2018 年 12 月現在